ARTIFICIAL INTELLIGENCE

机器学习及其应用

刘佳琦　钟玉珍　吴鑫/主编
李登　邓磊　唐文　李稳国　张宏立/副主编

电子工业出版社
Publishing House of Electronics Industry
北京·BEIJING

内 容 简 介

机器学习作为人工智能的一个分支，涵盖了利用技术使计算机能够从数据中识别问题并将其应用于人工智能程序的方法。本书是机器学习领域的入门教材，系统、详细地讲述机器学习的主要方法与理论，阐明算法的运行过程，并紧密结合企业实践与应用，根据企业实际需求设计算法案例。本书共11章，分别介绍机器学习基本概念、决策树、K最近邻算法、支持向量机、线性模型、贝叶斯分类器、数据降维、聚类算法、人工神经网络、随机森林和机器学习在生物信息中的应用。本书通过具体的案例让读者学到思考问题的方式，包括决策树算法案例、K最近邻算法案例、SVM算法案例、logistic回归算法案例、贝叶斯分类器案例、数据降维算法案例、聚类算法案例、人工神经网络案例、随机森林案例，帮助读者了解机器学习的各种算法，让读者真正理解算法、学会使用算法。

对计算机科学、人工智能及其相关专业的本科生与研究生而言，本书是入门及进行深入学习的理想选择；同时，对致力于人工智能产品研发的工程技术人员来说，本书极具参考价值。

未经许可，不得以任何方式复制或抄袭本书之部分或全部内容。
版权所有，侵权必究。

图书在版编目（CIP）数据

机器学习及其应用 / 刘佳琦，钟玉珍，吴鑫主编.
北京：电子工业出版社, 2025.7. -- ISBN 978-7-121-50622-2

Ⅰ. TP181

中国国家版本馆CIP数据核字第2025JC4791号

责任编辑：刘 璃
印　　刷：山东华立印务有限公司
装　　订：山东华立印务有限公司
出版发行：电子工业出版社
　　　　　北京市海淀区万寿路173信箱　　邮编：100036
开　　本：787×1092　1/16　印张：11.25　字数：288千字
版　　次：2025年7月第1版
印　　次：2025年7月第1次印刷
定　　价：49.00元

凡所购买电子工业出版社图书有缺损问题，请向购买书店调换。若书店售缺，请与本社发行部联系，联系及邮购电话：(010) 88254888，88258888。
质量投诉请发邮件至zlts@phei.com.cn，盗版侵权举报请发邮件至dbqq@phei.com.cn。
本书咨询联系方式：liuy01@phei.com.cn。

前 言

机器学习是为了让计算机系统具有人的学习能力，以便实现人工智能，可以更快且自动地产生模型，以分析更大、更复杂的数据，而且传输更加迅速，结果更加精确。该技术作为当前解决人工智能问题的主要技术，在人工智能体系中处于核心地位。作为一门多领域交叉学科，机器学习涉及概率论、统计学、算法复杂度理论等多门学科内容。机器学习理论主要是设计和分析一些让计算机可以自动"学习"的算法，即从数据中自动分析获得规律，并利用规律对未知的数据进行预测的算法，同时研究计算机怎样模拟或实现人类的学习行为，以获取新的知识或技能，重新组织已有的知识结构，使之不断改善自身的性能。当下，机器学习主要被应用于机器视觉、语音识别、数据挖掘、生物特征识别、搜索引擎、医学诊断及机器人等领域。这些应用在我们的日常生活中随处可见，如微信上的语音输入、支付宝的扫脸支付、停车场入口的车牌识别等。

机器视觉和模式识别是与机器学习关联比较密切的领域，其中，机器视觉通过硬件和程序的结合来实现人的视觉功能，包括图像理解、三维空间信息获取、运动感知等，而模式识别则是对声音、图像及其他类别对象的识别，机器学习成为解决这些问题的工具。

本书系统、详细地讲述机器学习的主要方法与理论，阐明算法的运行过程，并紧密结合企业实践与应用，根据企业实际需求设计算法案例。从案例代码着手，帮助读者了解机器学习的各种算法，掌握相关的技术和方法，并能够将所学知识应用于实际问题的解决中。

本书配套电子课件、源代码等资源，读者可登录"华信教育资源网"免费下载。

由于编者水平有限，书中难免存在疏漏之处，恳请读者批评指正。

目 录

第 1 章 机器学习基本概念 ... 1
1.1 机器学习定义 ... 1
1.2 算法分类 ... 1
1.2.1 有监督学习 ... 1
1.2.2 无监督学习 ... 2
1.2.3 分类与回归 ... 2
1.2.4 判别模型与生成模型 ... 3
1.2.5 强化学习 ... 4
1.3 模型评价指标 ... 4
1.4 模型选择 ... 5
1.4.1 训练误差和泛化误差 ... 6
1.4.2 验证数据集 ... 6
1.4.3 过拟合与欠拟合 ... 7
1.4.4 偏差-方差分解 ... 8

第 2 章 决策树 ... 9
2.1 基本概念 ... 9
2.2 决策树的构建 ... 11
2.2.1 如何选择最优的划分属性 ... 11
2.2.2 决策树的关键参数 ... 13
2.2.3 决策树的剪枝 ... 14
2.2.4 连续值与缺失值的处理 ... 14
2.3 训练算法 ... 16
2.3.1 递归分裂 ... 16
2.3.2 寻找最佳分裂 ... 17
2.3.3 叶节点值的设定 ... 20
2.3.4 属性缺失 ... 20
2.3.5 剪枝算法 ... 20
2.4 决策树算法案例 ... 21
2.4.1 案例1：鸟类与非鸟类判定 ... 21
2.4.2 案例2：隐形眼镜的类型决策 ... 26

第 3 章　K 最近邻算法 31
3.1　基本概念 31
3.2　算法原理及要素 31
3.3　预测算法 32
3.4　距离定义 33
3.4.1　常用距离定义 34
3.4.2　距离度量学习 35
3.5　K 最近邻算法案例 36
3.5.1　案例 1：基于 K 最近邻算法的数据分类 36
3.5.2　案例 2：基于 KNN 算法的手写数字识别系统 37

第 4 章　支持向量机 41
4.1　基本概念 41
4.2　线性分类器 42
4.2.1　线性分类器概述 42
4.2.2　分类间隔 43
4.3　线性可分性 43
4.3.1　原问题 44
4.3.2　对偶问题 45
4.4　线性不可分 47
4.4.1　原问题 47
4.4.2　对偶问题 47
4.5　核映射与核函数 50
4.6　SMO 算法 51
4.6.1　求解子问题 52
4.6.2　优化变量的选择 55
4.7　多分类问题 56
4.8　SVM 算法案例 57
4.8.1　基于无核函数的小规模数据分类 57
4.8.2　基于核函数的手写数字识别 65

第 5 章　线性模型 71
5.1　基本形式 71
5.2　logistic 回归 71
5.3　正则化 logistic 回归 74
5.3.1　对数似然函数 74
5.3.2　L2 正则化原问题 75
5.3.3　L2 正则化对偶问题 79
5.3.4　L1 正则化原问题 80
5.4　logistic 回归算法案例 81
5.4.1　logistic 回归工作原理 81

5.4.2　使用 logistic 回归在简单数据集上的分类 81

第 6 章　贝叶斯分类器 85
6.1　贝叶斯决策 85
　　6.1.1　贝叶斯决策概念 85
　　6.1.2　贝叶斯决策模型的定义 86
　　6.1.3　贝叶斯决策的常用方法 86
6.2　贝叶斯分类方法 89
6.3　朴素贝叶斯分类器 90
　　6.3.1　离散型特征 90
　　6.3.2　连续型特征 91
6.4　正态贝叶斯分类器 92
　　6.4.1　训练算法 92
　　6.4.2　预测算法 93
6.5　贝叶斯分类器案例 94

第 7 章　数据降维 99
7.1　主成分分析 99
　　7.1.1　数据降维方法 100
　　7.1.2　计算投影矩阵 101
　　7.1.3　向量降维 103
　　7.1.4　向量重构 103
7.2　线性判别分析 103
　　7.2.1　线性判别分析原理 103
　　7.2.2　构造判别模型的过程 105
7.3　局部线性嵌入 106
7.4　拉普拉斯特征映射 107
7.5　数据降维算法案例 108

第 8 章　聚类算法 112
8.1　聚类定义 112
8.2　聚类分析过程及结果评估 113
　　8.2.1　聚类分析过程 113
　　8.2.2　相似度度量 113
　　8.2.3　聚类算法的性能评估 115
8.3　聚类算法分类 115
　　8.3.1　层次聚类算法 116
　　8.3.2　基于质心的聚类算法 117
　　8.3.3　基于概率分布的聚类算法 118
　　8.3.4　基于密度的聚类算法 121
8.4　算法评价指标 126

		8.4.1 内部指标	126
		8.4.2 外部指标	127
	8.5	聚类算法案例	127

第 9 章 人工神经网络 … 129
- 9.1 人工神经网络概念 … 129
- 9.2 多层前馈型神经网络 … 130
  - 9.2.1 神经元 … 130
  - 9.2.2 网络结构 … 132
  - 9.2.3 正向传播算法 … 133
- 9.3 反向传播算法 … 134
  - 9.3.1 算法简介 … 134
  - 9.3.2 举例说明 … 135
- 9.4 人工神经网络案例 … 139

第 10 章 随机森林 … 143
- 10.1 集成学习 … 143
  - 10.1.1 集成学习概念 … 143
  - 10.1.2 随机抽样 … 144
  - 10.1.3 Bagging 算法 … 144
- 10.2 随机森林原理和生成过程 … 145
- 10.3 训练算法 … 146
- 10.4 变量 … 147
- 10.5 随机森林案例 … 148

第 11 章 机器学习在生物信息中的应用 … 156
- 11.1 蛋白质相互作用热点识别 … 156
- 11.2 实验数据集 … 157
  - 11.2.1 训练数据集 … 157
  - 11.2.2 独立测试集 … 158
- 11.3 特征提取与机器学习建模 … 158
  - 11.3.1 蛋白质特征 … 158
  - 11.3.2 特征选择 … 160
  - 11.3.3 特征提取 … 161
  - 11.3.4 机器学习建模 … 162
- 11.4 实验结果分析 … 162
  - 11.4.1 实验环境说明 … 162
  - 11.4.2 实验评估指标 … 162
  - 11.4.3 训练集结果比较 … 163
  - 11.4.4 独立测试集结果比较 … 165
  - 11.4.5 独立测试集上具体蛋白质分析 … 168

第1章 机器学习基本概念

1.1 机器学习定义

广义而言,机器学习是一种能够赋予机器学习能力,使其能够执行无法通过直接编程实现功能的方法。从实际操作的角度来看,机器学习则是先通过数据训练模型,再利用该模型进行预测的过程。

机器学习有下面几种定义。

(1)机器学习作为人工智能的一个科学分支,专注于研究人工智能,特别是探索如何在经验学习中提升具体算法的性能。

(2)机器学习致力于研究那些能够通过积累经验而自动优化的计算机算法。

(3)机器学习利用数据或过往经验来优化计算机程序的性能。

(4)机器学习是一门科学,它使计算机能够在没有预先明确编程指导的情况下,基于学习做出正确的反应。

1.2 算法分类

机器学习按照学习形式分类,可以分为有监督学习和无监督学习,其区别是有无标签值。假如要识别 a~i 的字母图像,则需要将每张图像的样式和它所述的字母类别相关联,那么这个类别就是标签值。

1.2.1 有监督学习

有监督学习是一种机器学习任务,它通过分析带有标签值的训练数据集来推断函数。这种方法是以具有已知某些特性的样本作为训练数据集,通过这样的方式来构建一个数学模型。一旦数学模型被建立,就可以用它来预测未知样本的标签值。有监督学习是最常见的机器学习技术之一,广泛应用于统计分类和预测领域。

有监督学习的核心目标是从已标记的训练数据中学习模型,从而能够对未知或未来的数据进行准确预测。在这里,"监督"意味着训练样本(输入数据)的期望输出(标签值)是已知的。有监督学习旨在从给定的训练数据集中学习一个映射函数,当接收到新的数据时,该函数能够预测其输出结果。为了实现这一目标,训练数据集必须同时包含输入(特征)和输出(目标),且训练数据集中的目标值需由人工进行标注。回归分析和统计分类是两种常见的有监督学习算法。

在有监督学习中,样本数据是带有标签值的,它从训练样本中学习得到一个模型,然后通过该模型来测试新的样本所属的类别。样本的值可归为输入值与标签值，表示如下：

$$(x, y)$$

x 作为输入值，是外部采集的数据；y 作为输出值，是自定义的标签值。标签值可以是整数、实数或向量。有监督学习通过给予一定量的训练样本，来推导出映射函数：

$$y = f(x)$$

该函数需要很好地表达训练样本的信息，让函数的输出值 y 和样本的标签值尽可能一致。训练样本数是有限的，而实际情况却是无限的，因此，在训练时只能选取一部分样本，找到误差最小的表达函数，用来降低识别的错误率。

我们所见到的人脸识别、语音识别、手写文字识别等都属于有监督学习，此类学习都需要提前采集样本，对样本进行标记，并生成相关模型，再通过模型对未标记的新样本进行类型的预测。

1.2.2 无监督学习

无监督学习是一种重要的学习方法，与有监督学习不同，它不需要预先提供训练样本，而是直接对数据进行建模。这种方法专注于处理无标签数据，由于没有标签信息的指引，无监督学习的目标是发现数据中的模式或结构。因此，无监督学习又称归纳性学习或聚类。其中，K 均值聚类（K-Means）是一种常见的无监督学习算法，它通过迭代和递减运算来建立中心点（Centroids），从而减小误差并实现数据的分类。

无监督学习是对没有标签的样本进行分析，发现样本集的分布规律，常见的无监督学习算法包括聚类和关联规则。

半监督学习是一种融合了有监督学习与无监督学习优势的学习方法。在面对一些实际问题时，由于标注训练样本的成本高昂，而纯粹的无监督学习又难以保证足够的准确率，因此半监督学习应运而生。它巧妙地利用少量的已标注样本和大量的未标注样本进行训练，其中未标注样本的数量远远超过已标注样本的数量。这种方法在有限的标注资源下，实现更有效的学习。

1.2.3 分类与回归

不管是分类，还是回归，其本质是一样的，都是对输入做出预测，并且都是监督学习。根据特征分析输入的内容、判断它的类别或者预测其值，分类问题输出的是物体所属的类别，回归问题输出的是物体的值。

分类问题：根据给定的训练集，即

$$T = \{(x_1, y_1), (x_2, y_2), \cdots, (x_l, y_l)\}$$

其中：

$$x_i \in X = \mathbf{R}^n, \quad y_i \in Y = \{1, 2, \cdots, m\}, \quad i = 1, 2, \cdots, l$$

要求寻找 T 上的决策函数：

$$f(x): X \to Y$$

以便能用决策函数 $f(x)$ 较好地推断任一模式 X 相对应的 Y 值。

在有监督学习中，若样本的标签为整数，意味着预测函数需要将向量映射到整数，此类问题被定义为分类问题。当涉及的类别数量为两个时，则被称为二分类问题，此时标签通常设定为+1（代表正样本）和−1（代表负样本）。

针对分类问题，如果所采用的预测函数为线性函数，那么该模型就称为线性模型。线性模型实现了 n 维空间中的线性分割。具体来说，线性函数在几何上表现为一个超平面，在二维平面上表现为一条直线，而在三维空间中则表现为一个平面。二分类问题的线性函数为

$$\text{sgn}(\boldsymbol{w}^\text{T}\boldsymbol{x}+b)$$

式中，$\boldsymbol{w}$ 是权重向量，b 是偏置项。

通过 sigmoid 函数映射到 (0,1) 上，并划分一个阈值，大于阈值的分为一类，小于或等于阈值的分为另一类，可以用来处理二分类问题。更进一步地，对于 N 分类问题，则是先得到 N 组 $\boldsymbol{w}$ 值不同的 $\boldsymbol{w}\boldsymbol{x}+b$，然后归一化，如用 softmax 函数，最后变成 N 个类上的概率，可以处理多分类问题。

当决策函数采用非线性形式时，则被称为非线性模型，其分类边界在 n 维空间中呈现为曲面。鉴于在现实世界中大部分现象都展现出非线性特征，因此，预测函数需要具备非线性建模的能力，以更好地适应和描述这些复杂情况。

回归问题：根据给定的训练集，即

$$T=\{(x_1,y_1),\cdots,(x_l,y_l)\}$$

其中：

$$x_i \in X = \mathbf{R}^n, \quad y_i \in Y = \mathbf{R}, \quad i=1,2,\cdots,l$$

要求寻找 T 上的决策函数：

$$f(x): X \rightarrow Y$$

以便能用决策函数 $f(x)$ 较好地推断任一模式 X 相对应的 Y 值。

在有监督学习中，如果标签值是连续实数，则称为回归问题，此时预测函数是向量到实数的映射：

$$\mathbf{R}^n \rightarrow \mathbf{R}$$

与分类问题相类似，预测函数既可以是线性函数，也可以是非线性函数。当预测函数为线性函数时，则称为线性回归。

在有监督学习中，机器学习算法在训练阶段的主要任务是基于给定的训练样本集，选择一个预测函数的类型（这称为假设空间）。随后，算法需要确定这个函数的参数值，如在线性模型中就需要确定参数。为了确定这些参数，常用的方法是构建一个损失函数，该函数衡量的是预测函数的输出结果与样本标签中真实值之间的差异或误差。对所有训练样本的误差求平均值，这个值是参数 θ 的函数：

$$\min_{\theta} L(\theta) = \frac{1}{l}\sum_{i=1}^{l} L(x_i;\theta)$$

式中，$L(x_i;\theta)$ 为单个样本的损失函数，l 为训练样本数。训练的目的是最小化损失函数，求解损失函数的极小值可以确定 θ 的值，从而确定预测函数。

1.2.4 判别模型与生成模型

有监督学习包含了两类机器学习模型——判别模型和生成模型。从本质上讲，判别模型和生成模型是解决分类问题的两类基本思路。生成模型就是要学习 X 和 Y 的联合概率 $P(X,Y)$，然后根据贝叶斯公式来求得条件概率 $P(Y|X)$，预测条件概率最大的 Y；判别模型就是直接学

习条件概率 $P(Y|X)$。

有监督学习的核心任务是从数据中训练出一个模型（又称分类器），利用这个训练好的模型，可以对新的输入数据预测出相应的输出结果。这个模型的一般形式为决策函数 $Y = f(X)$ 或者条件概率 $P(Y|X)$。

决策函数 $Y = f(X)$：你输入一个 X，它就输出一个 Y，这个 Y 与一个阈值比较，根据比较结果判定 X 属于哪个类别。例如，二分类问题（$w1$ 和 $w2$），如果 Y 大于阈值，X 就属于类 $w1$，如果 Y 小于阈值，X 就属于类 $w2$。这样就得到该 X 对应的类别了。

条件概率 $P(Y|X)$：你输入一个 X，通过比较它属于所有类的概率，然后输出概率最大的那个作为该 X 对应的类别。例如，如果 $P(w1|X)$ 大于 $P(w2|X)$，那么就认为 X 属于类 $w1$。

给定特征向量与标签值，生成模型对联合概率 $P(X,Y)$ 建模，判别模型对条件概率 $P(Y|X)$ 建模。不使用概率模型的分类器被归为判别模型，它将直接得到预测函数而不关心样本的概率分布，其函数表达式如下：

$$Y = f(X)$$

除此以外，对于生成模型和判别模型还有另一种定义形式。生成模型对联合概率 $P(X,Y)$ 建模，判别模型对条件概率 $P(Y|X)$ 建模。前者根据标签值 Y 来生成随机样本数据 X，后者则根据样本数据 X 的值判断其标签值 Y。

常见的生成模型包括贝叶斯分类器、高斯混合模型、隐马尔可夫模型及生成对抗网络等。而典型的判别模型则包括决策树、K 最近邻算法（KNN）、人工神经网络、支持向量机及逻辑回归等。

1.2.5 强化学习

强化学习是一类特殊的机器学习算法，它根据输入数据确定要执行的动作，输入数据是环境参数。与有监督学习算法类似，也要有训练过程。在训练过程中，对正确的动作进行奖励，错误的动作进行惩罚，训练完成后即可得到预测模型来进行测试。强化学习中的智能体（Agent）通过"试错"的方式与环境进行交互，并根据环境提供的奖赏来指导其行为。其核心目标是使智能体能够获得最大的奖赏。与连接主义学习中的监督学习不同，强化学习的强化信号是对动作好坏的评价，而不是直接指导如何产生正确动作的具体指令。由于外部环境提供的信息有限，强化学习系统（Reinforcement Learning System，RLS）必须依靠自身的经验来进行学习。在这种行动—评价的环境中，RLS 通过不断尝试和改进行动方案来适应环境，并在此过程中积累知识。

1.3 模型评价指标

构建完模型后，紧接着评估其效用，以判断该模型是否具备实际应用价值。在实际应用中，采用不同的评估指标来衡量模型性能，这些指标的选择紧密关联于模型类型及其预期用途。当对比各种机器学习算法和模型的优劣时，设定一个用于量化模型准确度的指标显得尤为重要。对于分类器或分类算法，主要的评估指标包括精确率（Precision）、召回率（Recall）、综合评价指标 F-Measure，以及 AUC（Area Under Curve，曲线下的面积）。

在信息检索和统计学分类领域，精确率与召回率是两个用于评估结果质量的重要度量值。精确率又称"命中率"或"精确度"，它计算的是检索出的相关信息数量占所有检索出的信息总数的比例，这一比例直接反映了检索系统在判断信息相关性方面的准确性，也就是查准率的高低。而召回率又称"找回率"或"全面性"，它衡量的是检索出的相关信息数量占信息库中所有相关信息总数的比例，这一比例体现了检索系统在覆盖所有相关信息方面的能力，也就是查全率的高低。

精确率（Precision）："正确被检索的 item（TP）"占所有"实际被检索到的 item（TP+FP）"的比例。

召回率（Recall）："正确被检索的 item（TP）"占所有"应该被检索到的 item（TP+FN）"的比例。

Precision（精确率）和 Recall（召回率）这两个指标在某些情况下可能会相互冲突，为了全面考虑这两方面，最常用的方法是采用 F-Measure（F-Score）。F-Measure 是 Precision 和 Recall 的加权调和平均数，旨在综合评估这两个指标的性能。为了对比不同算法的优劣，基于 Precision 和 Recall，我们引入了综合评价指标 F-Measure，以便对 Precision 和 Recall 进行整体的考量与评价。F-Measure 的定义如下：

$$F\text{-Measure} = 精确率 \times 召回率 \times 2 / (精确率 + 召回率)$$

AUC：一个模型评价指标，用于二分类模型的评价。AUC 是"Area Under Curve（曲线下的面积）"的英文缩写，而这条"Curve（曲线）"就是 ROC 曲线（又称受试者工作特征曲线）。

有监督学习分为训练和预测两个阶段，一般采用与训练样本集不同的样本集统计算法的精度。更复杂的做法则是引入一个验证集，该验证集的作用是确定模型中某些人工设定的超参数，从而实现对模型的优化。表 1-1 所示为分类与回归问题评价指标。

表 1-1 分类与回归问题评价指标

类 型	评价指标	指标定义
分类问题	精确率	测试样本集中被正确分类的样本数与测试样本总数的比值
回归问题	回归误差	预测函数输出值与样本标签值之间的均方误差

1.4 模型选择

在机器学习中，通常通过模型选择（Model Selection）来挑选并确定表现最佳的模型。在选择阶段，我们面对的是多个候选模型，这些模型可能属于同一类别但配备了不同的超参数配置。以多层感知机（MLP）为例，我们能够通过调整隐藏层的数量、每个隐藏层内的单元数（神经元数量），以及这些单元所使用的激活函数来创建同类型但超参数不同的模型。为了得到有效的模型，我们通常要在模型选择上下功夫。

1.4.1 训练误差和泛化误差

训练误差是指在模型训练过程中，其在训练数据集上所展现的误差，这反映了模型对已知数据的拟合程度；而泛化误差则是指模型在面对任意一个未知测试数据样本时，其预测误差的期望值，这一误差通常可以通过模型在测试数据集上的表现来近似估算。为了量化这两种误差，我们可以采用损失函数来进行计算，如在线性回归中常用的平方损失函数，以及在 softmax 回归中使用的交叉熵损失函数。这些损失函数为评估模型的性能提供了具体的数学依据。

接下来，更直观地解释训练误差和泛化误差这两个概念，训练误差可以认为是做模拟考试题（训练题）时的错误率，泛化误差可以认为是高考遇到全新题目时的犯错概率，这些题目你从未见过，相当于模型面对的新数据。假设训练题和测试题都随机采样一个未知的依照相同考纲的巨大试题库。如果让一名未学习中学知识的小学生去答题，那么测试题和训练题的答题错误率可能很相近。但如果换成一名反复练习训练题的考生答题，那么即使在训练题上做到了错误率为 0，也不代表在测试题上能做到错误率为 0。

在机器学习中，通常假设训练数据集（训练题）和测试数据集（测试题）里的每个样本都是从同一个概率分布中相互独立生成的。基于该独立同分布假设，给定任意一个机器学习模型（含参数），它的训练误差和泛化误差都是一样的。例如，如果将模型参数设为随机值（小学生），那么训练误差和泛化误差会非常接近。

模型的参数是通过在训练数据集上训练模型而学习出的，参数的选择依据的是最小化训练误差（考生）。所以，训练误差的期望小于或等于泛化误差。也就是说，在一般情况下，由训练数据集学到的模型参数会使模型在训练数据集上的表现优于或等于在测试数据集上的表现。由于无法从训练误差估计泛化误差，一味地降低训练误差并不意味着泛化误差也一定会降低。机器学习模型应关注降低泛化误差。

1.4.2 验证数据集

接下来，将介绍模型选择中经常使用的验证数据集（Validation Data Set）和 K 折交叉验证。

1. 验证数据集

测试数据集的使用应当严格限定在所有超参数与模型参数均已确定之后，且仅可使用一次，以避免利用测试数据来进行模型选择，如调整参数等不当操作。由于训练误差无法准确反映模型的泛化能力，因此，仅仅依赖训练数据来选择模型也是不可靠的。为了解决这个问题，我们可以专门预留一部分数据，这部分数据既不属于训练数据集，也不属于测试数据集，而是专门用于模型的选择过程，这部分数据被称为验证数据集，简称验证集。例如，一种常见的做法是，从原始的训练集中随机抽取出一小部分作为验证集，而将剩余的部分作为真正的训练集来使用。

然而，在实际应用中，数据不容易被获取，所以测试数据极少只使用一次就被丢弃。因此，实践中验证数据集和测试数据集的界限可能比较模糊。从严格意义上来讲，除非明确说明，否则实验所使用的测试集应为验证集，实验报告的测试结果（如测试准确率）应为验证结果（如验证准确率）。

2. K 折交叉验证

在面临训练数据稀缺的情况下，由于验证数据集不参与模型训练，预留大量数据作为验证集会显得颇为奢侈。为了优化这一过程，可以采用 K 折交叉验证（K-fold cross-validation）方法。该方法涉及将原始训练数据集分割成 K 个互不重叠的子数据集。随后，进行 K 轮模型训练和验证：在每轮中，选择一个子数据集作为验证集，而其余 $K-1$ 个子数据集则合并为训练集。重要的是，这 K 轮中的每轮都会使用不同的子数据集作为验证集，以确保所有数据都有机会被用作验证。最终，计算这 K 轮训练误差和验证误差的平均值，以获得对模型性能的全面评估。

1.4.3 过拟合与欠拟合

在模型训练过程中，常会遇到以下两种典型问题。

（1）欠拟合（Underfitting），即模型无法有效降低训练误差。这意味着模型未能充分学习训练数据中的规律，导致在训练集上的表现不佳。

（2）过拟合（Overfitting），即模型在训练集上的误差远小于在测试集上的误差。这表明模型过于复杂，以至于它不仅学习了数据的真实规律，还错误地拟合了训练数据中的噪声或偶然因素，导致在未见过的测试数据上表现不佳，泛化能力下降。

为了同时应对这两种问题，我们需要考虑两个关键因素：模型复杂度和训练数据集大小。

有监督学习的核心目标是追求训练集上的误差最小化。然而，鉴于训练样本集与测试样本集的本质差异，我们必须审慎考虑以下两大关键问题。

首先，要密切关注算法在训练集上的实际表现。若算法在训练集上都无法取得理想的效果，那么在实际应用场景中的精确率往往也会大打折扣。

其次，需要评估在训练集上训练得到的模型，能否在测试集上同样展现出高效性能。这一能力的衡量标准即泛化能力，它反映了模型从已知的训练数据推广到未知测试数据的能力。理想情况下，期望模型在训练集和测试集上都能维持较高的准确率。

正是基于对上述两大关键问题的深刻认识，我们引入了过拟合与欠拟合的概念，以便更精确地描述和分析模型在训练与测试过程中的表现。

过拟合又称过学习，其显著特点是在训练集上展现出卓越的性能，然而一旦应用于测试集，其表现却大打折扣，这直接导致了模型推广泛化能力的下降。究其根源，过拟合的发生是因为训练数据中不可避免地存在着抽样误差，而在模型训练的过程中，这个误差也被模型一并拟合了进去。抽样误差指的是从总体中抽样得到的样本集与整体数据之间存在的差异或偏差。这种偏差可能源于以下几个因素。

（1）当模型结构过于复杂时，它可能会过度拟合训练样本集中的噪声信息，而非数据中的真实规律。为了缓解这一问题，我们应选择相对简洁的模型。

（2）训练样本的数量不足或缺乏足够的代表性，也可能导致抽样误差。为了改善这种情况，我们可以增加训练样本的数量，或者提高训练样本的多样性，以确保样本集能更好地反映整体数据的特征。

（3）训练样本中可能存在的噪声干扰也是一个重要因素。这些噪声可能导致模型错误地拟合这些干扰信息。为了解决这个问题，我们可以尝试剔除样本中的噪声，或者通过修改模型结构来降低其对噪声的敏感度。

欠拟合又称欠学习，其典型特征是训练所得的模型在训练集上的表现欠佳，未能有效捕捉并学习数据的内在规律。这一现象往往源于两个主要原因：一是模型的结构过于简单，无法充分表达数据的复杂性；二是用于训练的特征数量不足，导致模型无法建立起准确的数据映射关系。

1.4.4 偏差-方差分解

模型的误差通常包含三大组成部分：样本的真实噪声、偏差及方差。样本的真实噪声构成了任何学习算法在追求特定学习目标时所能达到的最小误差界限，这是任何学习算法都无法跨越的障碍；偏差反映了学习算法的平均估计结果与学习目标的接近程度，它是衡量学习算法本身拟合能力的一个重要指标；方差衡量了当面对规模相同但内容不同的训练集时，学习算法的估计结果会发生多大程度的波动，这揭示了数据扰动对学习算法稳定性的影响。

在模型的实际构建中，如果模型过于简单，则一般会有较大的偏差和较小的方差；如果模型过于复杂，则会有较大的方差和较小的偏差。这两个值是一对互相矛盾的值，所以需要在偏差和方差之间做出一个折中的选择。

举一个简单的例子，如图1-1所示，如果在投掷飞镖时，目标是靶心（真实值）。每次的投掷结果都可以看成是模型对命中靶心的预测。偏差所衡量的就是模型预测的平均值与真实值之间的差距。如果偏差过小，那么命中点就会相对集中。这样可以准确地反映出当前模型产生数据的整体趋势，但是由于某些外部因素，命中点未必能精准命中靶心。而当偏差过大时，命中点就会变得分散且远离靶心。这就表明模型无法捕捉到数据的整体趋势，预测的结果存在系统性误差。

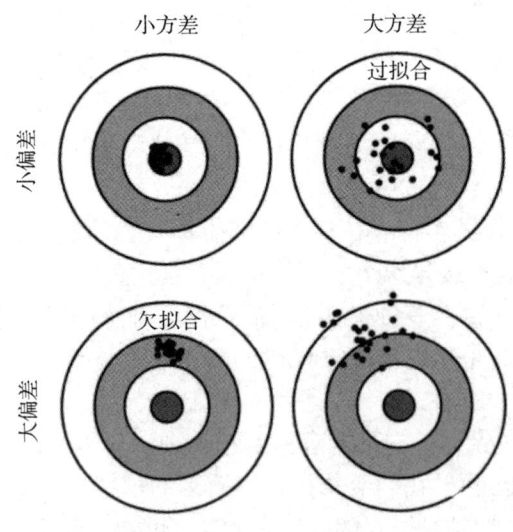

图1-1 偏差和方差例子

方差是用来衡量模型预测值之间的离散程度。当方差偏小时，飞镖命中点会非常集中，但是不能保证它们的集中点会在靶心附近。当方差过大时，飞镖的命中点就会分散，即使偶尔有飞镖命中或接近靶心，也改变不了方差过大的事实。此时模型在大方差下处于非常不稳定的状态，容易受到输入数据变化的影响。

第 2 章 决 策 树

决策树（Decision Tree）是一种直观且易于理解的机器学习算法，因其结构呈现为树形而被称为决策树。作为一种基于规则的方法，决策树通过一系列嵌套的规则来进行预测。在决策树的每个决策节点上，都会根据特定的判断条件来决定进入哪个分支，这个过程会反复进行，直至最终到达叶节点，此时便能得到预测结果。值得注意的是，这些用于决策的规则并非人为设定，而是在训练过程从数据中自动学习得到的。

2.1 基本概念

在构建决策树的过程中，算法会逐一审视训练样本中的多个属性，从中挑选出具有显著区分能力的变量作为判定依据。随后，根据样本在这些选定属性上的具体取值，算法会将样本分配到不同的子集中，从而将数据集分割为两个或多个部分。这一过程会循环进行，每步都进一步细化数据的划分，直至每个最终得到的子集都仅包含属于同一类别的样本。最终，这一过程会生成一棵决策树，其中树的每个叶节点都代表其所在分支的预测结果，即该分支下所有样本的共同类别标签。

决策树由根节点、内部节点和叶节点这三种元素构成，根节点包含样本的全集，内部节点对应特征属性测试，叶节点代表决策的结果。决策树的结构如图 2-1 所示。

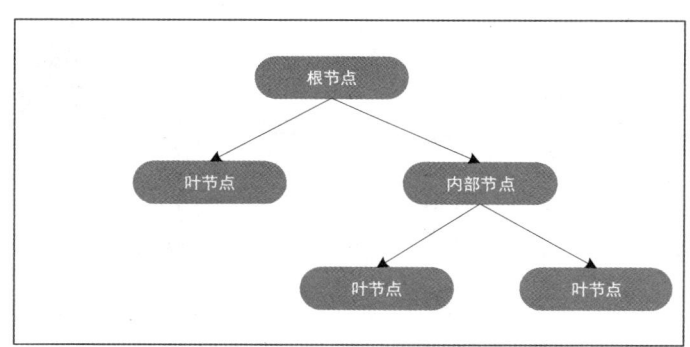

图 2-1 决策树的结构

在进行预测时，决策树的内部节点会利用某一属性值作为判断标准。根据样本在该属性值上的具体表现，决定其应进入哪个分支节点。这一流程会持续进行，直至最终抵达叶节点，此时即可获得样本的分类结果。

为了更形象地说明决策树，我们来举一个简单的例子进行说明：假设孩子们想要出去打羽毛球，尽管愿望非常强烈，但是天气的变化对于打羽毛球确实有很大的影响。当天的天气是能否打羽毛球的先决条件。下面的表格记录了两周内的天气情况与是否去打羽毛球的记录，其中包含了4项天气指标与最终结果。

在下一次决定去打羽毛球前,可以利用表2-1所示数据构建出一棵决策树(见图2-2),来帮助我们判断当天的天气是否适合打羽毛球。

表2-1 天气数据表

日 期	天 气	湿 度	风 力	是否去打羽毛球
1	晴	高	弱	否
2	晴	高	强	否
3	阴	高	弱	是
4	雨	高	弱	是
5	雨	正常	弱	是
6	雨	正常	强	否
7	阴	正常	强	是
8	晴	高	弱	否
9	晴	正常	弱	是
10	雨	正常	弱	是
11	晴	正常	强	是
12	阴	高	强	是
13	阴	正常	弱	是
14	雨	高	强	否

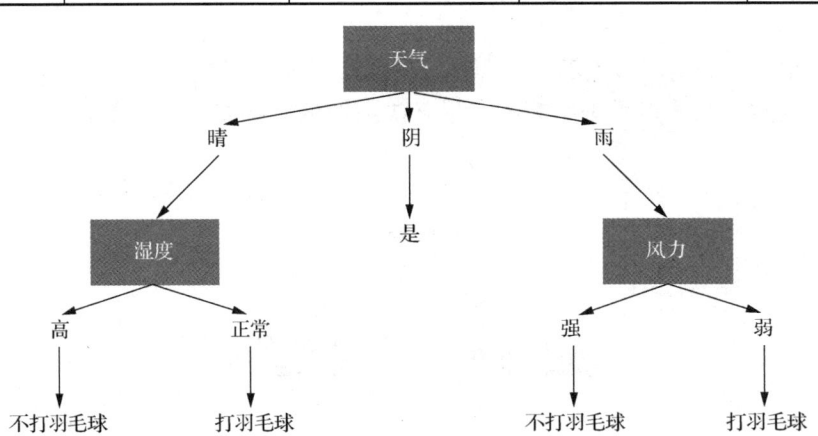

图2-2 天气树状图

决策树由节点和有向边组成,其中节点被进一步划分为内部节点和叶节点两类。当节点为内部节点时,根据样本对应的特征值移动到当前这个节点的子节点。若当前为叶节点,则返回叶节点所表示的分类标记,分类过程结束。

根据决策树及当天的天气,判断孩子们是否能去打羽毛球。

(1)先看天气,今天是晴天;再看湿度,今天湿度高;不去打羽毛球。

(2)先看天气,今天是雨天;再看风力,今天风力弱;去打羽毛球。

(3)先看天气,今天是阴天;直接去打羽毛球。

通过这个例子,我们可以发现,决策树决策的过程就像是执行一个包含一系列if-else语句的算法，该算法并非手写，而是根据训练样本自动生成的。

2.2 决策树的构建

在构建决策树的过程中，每个节点都会选取当前最优的属性作为划分标准，依据此标准将样本集合不断细分为更小的子集。这一过程会持续进行，直至满足以下两个条件之一时才会停止划分并标记为叶节点：一是子集中的样本全部属于同一类别；二是已经没有可供进一步划分的属性值。叶节点最终代表了一个特定的类别。

决策树的构建遵循一个递归流程，该流程会在以下三种情况下终止并返回。

（1）若当前节点内的所有样本均归属于同一类别，则直接将该节点设为叶节点，并赋予其相应的类别标签。

（2）若当前可用的属性集已为空，或者所有样本在剩余属性上的取值完全一致，则导致无法进一步划分，此时也将该节点设为叶节点，并将其类别设定为该节点中样本数量最多的类别。

（3）若当前节点所包含的样本集为空，即无法从当前节点继续进行划分，那么同样将该节点设为叶节点，并将其类别设置为其父节点中样本数量最多的类别。

决策树学习的关键在于如何选择划分属性，不同的划分属性得出不同的分支结构，从而影响整棵决策树的性能。属性划分的目的是让各个划分出来的子节点尽可能"纯"，即属于同一类别。

2.2.1 如何选择最优的划分属性

决策树不断分叉，目的在于尽可能地将不同类别的样本划分到不同的节点，而把同类别的样本划分到同一节点。选择最优划分属性（特征）的过程，相当于遍历计算所有特征的结果，找到能使分叉后子集合最"纯"的特征，此特征即最优划分属性。所以，该如何衡量"纯"呢？下面给出相关方法和评估。

1. 基尼值

基尼值 Gini(D) 体现了在数据集中随机选取两个样本时，它们类别标签不一致的可能性。数据集纯度越高，意味着抽取到不同类别样本的概率就越低。例如，在一个袋子里装 100 个乒乓球，其中有 99 个白球，1 个黄球，那么当随机抽取两个球的时候，很大概率是抽到两个白球。

所以数据集 D 的纯度可以用基尼值来度量，其定义如下：

$$\text{Gini}(D) = \sum_{k=1}^{|y|} \sum_{k' \neq k} p_k p_{k'}$$

$$= 1 - \sum_{k=1}^{|y|} p_k^2$$

$|y|$ 表示样本中类别的数目，p_k 表示第 k 种分类占集合的比例。基尼值越小，数据集 D 的纯度越高。

2. 基尼指数

基尼指数是针对属性定义的，其反映的是，使用属性 V 进行划分后，所有分支中（使用基尼值度量的）纯度的加权和。属性 a 的基尼指数定义如下：

$$\text{Gini\_index}(D,a) = \sum_{v=1}^{V} \frac{|D_v|}{|D|} \text{Gini}(D_v)$$

在选择属性 a 中的最优划分属性时，依据是寻找那个能够使划分后基尼指数达到最小的属性。CART（分类与回归树）算法正是采用基尼指数作为选择划分属性的标准。

3. 信息增益（Information Gain）

除了上述内容，还可以用"信息增益"来评估决策节点分裂效果的好坏，信息增益越大说明分裂效果越好。信息增益的意义在于系统的不确定性减少了多少。在介绍信息增益之前，先介绍"熵"。

熵本身是一个热力学的概念，最早我们是在学习物理时接触到的，它是形容分子运动的混乱程度。在树模型中，熵被用作衡量信息不确定性的指标。具体来说，如果树模型的一个叶节点所包含的分类越多，那么该节点的熵就越大。而"信息熵"正是评估样本纯度的一个常用手段，样本纯度的高低与其混乱程度恰好相反。当一个数据集中的所有样本都属于同一类别时，该数据集的样本纯度达到最高，同时其凌乱程度也降到了最低。信息熵定义为

$$\text{Ent}(D) = -\sum_{k=1}^{|y|} p_k \log_2 p_k$$

式中，D 表示数据集，$|y|$ 表示样本中类别的数目，p_k 表示第 k 种分类占集合的比例。$\text{Ent}(D)$ 的值越小，D 的纯度越高。

信息增益指的是使用某一个属性 a 进行划分后，所带来的纯度提升的大小。一般而言，信息增益越大，意味着使用属性 a 来进行划分所获得的"纯度提升"越大。信息增益定义如下：

$$\text{Gain}(D,a) = \text{Ent}(D) - \sum_{v=1}^{V} \frac{|D_v|}{|D|} \text{Ent}(D_v)$$

即信息增益 = 根节点的信息熵减去所有分支节点的信息熵的加权和。

其中，权值为划分后属性 $a = a_v$ 节点中样本的数量与划分前节点中样本的数量的比值，即概率。概率确保了权重的和为 1。

图 2-3 描述的是，使用属性 a 对样本集合 D 进行划分，因为 a 有 V 个取值，因此决策树会有 V 个分支。划分后，每个节点中样本的数量为属性 $a = a_v$ 的样本的数量。

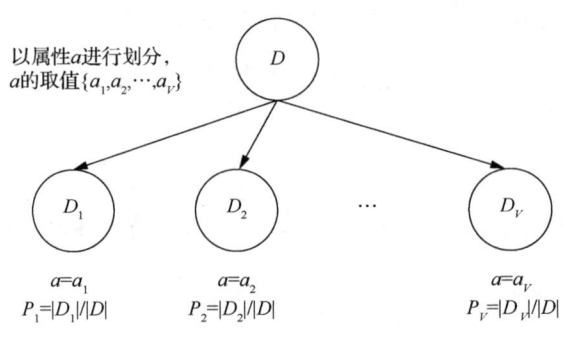

图 2-3 划分示意图

4. 增益率

当样本集中的某一属性取值能够导致所有样本被精确地分到不同类别时,该分支的纯度会达到顶点,此时理论上无须再进行划分。然而,如果依据这种极端情况来构建决策树,则将会导致树模型缺乏对新数据的泛化能力。值得注意的是,信息增益准则在评估属性时,往往对具有较多可能取值的属性有所偏爱。为了削弱这种偏好可能带来的不利影响,我们通常会选择使用增益率来替代信息增益准则,作为选择划分属性的新标准。

$$\text{Gainratio}(D,a) = \frac{\text{Gain}(D,a)}{\text{IV}(a)}$$

即增益率=信息增益/属性固有值。其中,$\text{IV}(a) = -\sum_{v=1}^{V}\frac{|D_v|}{|D|}\log_2\frac{|D_v|}{|D|}$。属性 a 的可能取值越大,属性固有值 $\text{IV}(a)$ 通常越大。信息增益率偏向于可能取值减小的属性。

上述介绍的方法适用于分类树。在分类树中,我们能够明确样本的分类,进而计算 P 的值。然而,回归树中是具体的数值,不存在分类情况,那么,回归树的分裂点该如何选择呢?我们采用以下方法。

5. 方差法

方差法简单易懂,首先通过计算每个叶节点的方差,然后将所有的方差进行加权,最后选择方差值最小的分裂方法。计算公式如下:

$$\text{Variance} = \frac{\sum_{i=1}^{n}(x_i - \overline{x})^2}{n}$$

2.2.2 决策树的关键参数

选择合适的输入变量,可以让决策树的分裂效果更好,同时在构建决策树模型时会设置一些关键的参数,去控制树模型的深度和叶节点数量等,主要是为了控制树模型过拟合,因为理论上不对决策树模型进行控制,决策树模型可以对训练样本达到100%的预测准确率,但这样就会严重过拟合。所以实际构建决策树模型时会有以下几个关键参数限制。

(1) 节点分裂包含的最少样本数:与决策节点包含的样本数相关。若该值过高,则会导致模型欠拟合;过低又会导致模型过拟合。其需要使用交叉检验的方式进行调参。

(2) 叶节点包含的最少样本数:也是为了控制过拟合。当样本数过少时,就会导致能够分出大量的叶节点,所以会存在一个最小值限制。一般对于正负样本比例严重不均衡的分类问题,可以将此参数设置得相对较小。

(3) 树的最大深度:深度过小,模型可能会欠拟合;深度过大,模型可能会学习到一些特定样本才有的特征。其需要使用交叉检验的方式进行调参。

(4) 总体的叶节点数量:树深度为 n 的情况下,最多允许产生 2^n 个叶节点。

(5) 整体分裂中使用的最多特征数:样本中数据会包含非常多的特征,从中挑选出哪些特征进行组合,进行分裂是构建树模型过程中非常重要的工作。根据建模经验,对总特征数开根号得出的特征数是最佳特征数。使用过多特征会导致模型过拟合。

2.2.3 决策树的剪枝

1. 剪枝处理

剪枝是决策树学习算法中用于解决过拟合问题的关键策略。在构建决策树的过程中，为了尽可能准确地分类训练样本，节点划分过程会不断重复，这有时会导致决策树产生过多的分支。当决策树在训练样本上表现得过于优秀时，可能会错误地将训练集的一些特有性质当作所有数据都具有的一般规律（而这些性质在新数据中可能并不存在），从而引发过拟合现象。为了降低这种风险，可以主动去除一些不必要的分支，这一过程被称为剪枝，它有助于减少决策树的复杂度，提升模型对新数据的泛化能力。

决策树的剪枝策略主要有预剪枝和后剪枝两种。预剪枝是在决策树构建过程中的一种干预手段，在每个节点划分之前都会进行评估。如果预计当前的节点划分无法提高决策树的泛化能力，就会停止划分，并将该节点直接标记为叶节点。相比之下，后剪枝是在决策树完全构建完后进行的。它从树的底部开始，逐个考察非叶节点。如果把该节点下的子树替换为叶节点能够提升决策树的泛化能力，就会进行这一替换操作。

2. 预剪枝

在某个节点的预剪枝建立在已经确定最优划分属性的前提之上，要不要以该属性对当前节点进行划分，还得先看泛化能力是否有提升。

在预剪枝中，泛化能力的计算依赖于验证数据集。验证精度的计算是将验证数据集输入决策树模型进行判别，取正例样本数量与验证集样本数量的比值（百分比）。划分前验证精度由上一步计算给出。泛化能力的提升与否，要对比划分前后验证精度的高低。

预剪枝采取了一种"贪心"策略，即在构建过程中提前终止某些分支的展开，这可能会导致决策树在最终形态上过于简单，从而增加欠拟合的风险。

3. 后剪枝

首先，将验证集输入决策树算法，计算出剪枝前的验证精度；然后，找到最底下的非叶节点，（模拟）将其领先的分支去除，取其中数量最大的分类作为该节点的判别标记；最后，计算剪枝后的验证精度。通过对比剪枝前后的验证精度，来确定是否需要进行剪枝。

相较于预剪枝决策树，后剪枝决策树倾向于保留更多的分支结构。在多数情况下，这使得后剪枝决策树面临较低的欠拟合风险，并且其泛化能力往往更为出色，能够更准确地预测新数据。然而，这种优势是以增加训练过程中的计算开销为代价的，后剪枝决策树在训练阶段的耗时通常要显著高于预剪枝决策树。

2.2.4 连续值与缺失值的处理

1. 连续值处理

由于连续属性的取值范围无限且具体数值众多，因此无法直接将其取值作为节点划分的依据。若尝试以所有可能的取值来划分数据集，则虽然可能在某些极端情况下达到最大纯度，但这将极大地损害决策树的泛化能力。为了解决这个问题，可以采用连续属性离散化的技术，其中二分法是最常用的方法。

给定数据集 D 的连续属性 a，假定 a 在 D 上出现不同取值，将这些取值从小到大排序，记为 $\{a_1, a_2, \cdots, a_n\}$。可以将 t 划分为子集 D_t^- 和 D_t^+，其中 D_t^- 包含属性 a 取值不大于 t 的样本，D_t^+ 包含属性 a 取值大于 t 的样本。显然，对于相邻的属性 a 取值 a_i 和 a_{i+1} 来说，t 在半开区间 $[a_i, a_{i+1})$ 中所产生的划分结果是相同的。因此，对于连续属性 a，可以考虑包含 $n-1$ 个元素的候选划分点集合：

$$T_a = \{\frac{a_i + a_{i+1}}{2} | 1 \leq i \leq n-1\}$$

即把区间 $[a_i, a_{i+1})$ 的中位数 $(a_i + a_{i+1})/2$ 作为候选划分点，之后就可以像离散属性值一样来考察这些划分点，选取划分点进行数据集的划分，如可以对离散属性的信息增益的公式稍加改造：

$$\text{Gain}(D, a) = \max_{t \in T_a} \text{Gain}(D, a, t)$$

$$= \max_{t \in T_a} \text{Ent}(D) - \sum_{\lambda \in \{-, +\}} \frac{|D_t^\lambda|}{|D|} \text{Ent}(D_t^\lambda)$$

式中，$\text{Gain}(D, a, t)$ 是数据集 D 基于划分点二分后的信息增益。可以选择使 $\text{Gain}(D, a, t)$ 最大化的划分点进行计算。

在决策树中，目前比较常用的有 ID3 算法、C4.5 算法和 Cart 算法。不同算法的区别在于选择特征作为判断节点时的数据纯度函数（标准）不同。

2. 缺失值处理

1）采用丢弃缺失值

在处理缺失值时，若仅丢弃少量缺失的样本，通常对决策树的构建影响不大。然而，当属性缺失值较多，尤其是关键属性缺失时，所构建的决策树可能不完整，还可能向用户提供大量误导性的知识信息。因此，一般不推荐简单丢弃缺失值。仅在特定情况下，才考虑采用丢弃缺失值的方法，即数据库中缺失值极少，且这些缺失值并非关键属性值时，为了加速决策树的构建过程，可以考虑这种策略。

2）补充缺失值

当缺失值较少时，可以根据既定的补充规则来处理，这种做法通常是可行的。然而，在数据库规模庞大且缺失值较多的情况下（尽管这样的数据库在实际应用中的价值可能已大打折扣，同时在信息收集中也极为罕见），根据填充后的数据库所构建的决策树，与基于完整且准确数据构建的决策树相比，可能会存在显著差异。

3. 决策树特有的处理缺失值的方法

需要解决以下两个问题。

（1）当计算信息增益（或信息增益比或基尼指数等）时，遇到缺失值，该如何处理？

（2）每次求出信息增益（或信息增益比或基尼指数等指标），并找到最佳分割点后，求最佳分割点时遇到缺失值，该如何处理？

给定训练集 D 和属性 a，令 $\widetilde{D}$ 表示训练集 D 中在属性 a 上没有缺失值的样本子集。对问题（1），显然仅可根据 $\widetilde{D}$ 来判断属性 a 的优劣。假定属性 a 有 V 个可能取值 $\{a_1, a_2, \cdots, a_V\}$，令 $\widetilde{D}^v$

表示 $\widetilde{D}$ 中在属性 a 上取值为 a_v 的样本子集，$\widetilde{D}_k$ 表示 $\widetilde{D}$ 中属于第 k 类 $(k=1,2,\cdots,|y|)$ 的样本子集，则显然有 $\widetilde{D} = \bigcup_{k=1}^{|y|} \widetilde{D}_k$，$\widetilde{D} = \bigcup_{v=1}^{V} \widetilde{D}^v$。假定为每个样本 x 赋予一个权重 w_x，并定义：

$$\rho = \frac{\sum_{x \in \widetilde{D}} w_x}{\sum_{x \in D} w_x}$$

$$\widetilde{p}_k = \frac{\sum_{x \in \widetilde{D}_k} w_x}{\sum_{x \in \widetilde{D}} w_x}, \quad 1 \le k \le |y|$$

$$\widetilde{r}_v = \frac{\sum_{x \in \widetilde{D}^v} w_x}{\sum_{x \in \widetilde{D}} w_x}, \quad 1 \le v \le V$$

式中，ρ 表示训练集 D 中无缺失值样本所占的比例；$\widetilde{p}_k$ 表示无缺失值样本中第 k 类所占的比例；$\widetilde{r}_v$ 表示无缺失值样本的属性 a 上取值为 a_v 的样本子集所占的比例。

2.3 训练算法

决策树中关键的问题是如何用训练样本建立决策树。无论是分类问题还是回归问题，决策树都需要对训练样本尽可能地进行正确的预测。简单来说，就是从根节点开始构造，递归地用训练样本建立决策树，这样的树能将训练样本正确地进行分类，或者对训练集的回归误差最小化。在实现此方法前需要解决以下问题。

特征向量有多个分量，每个决策节点上应该选择哪个分量进行判定？这个判定会将训练集一分为二，然后用这两个子集构造左右子树。

当通过特征将树进行左右分支时，判定规则起着尤为重要的作用。对数值型变量要寻找一个分裂阈值进行判断，若小于该阈值则进入左子树，否则进入右子树。对于类别型变量则需要为它确定一个子集划分，将特征的取值集合划分成两个不相交的子集，使得整个集合能够分到左子树集或右子树集中。

对于分类问题，当节点的样本都属于同一类型时将停止分类，但这样可能会导致树的节点过多、深度过大，进而产生过拟合问题。还有一种方法，即当节点中的样本数小于一个阈值时，停止分裂。

接下来，需要为每个叶节点赋予类别标签或回归值，也就是说，当到达叶节点时，样本将被赋予一个实数值。

由于特征有数值型变量和类别型变量两种情况，决策树有分类树和回归树两种类型，组合起来一共有 4 种情况。在此将只对数值型变量进行介绍。

2.3.1 递归分裂

决策树的训练过程是一个递归构建的过程。它始于根节点的创建，随后递归地分别构建左子树和右子树。如果训练样本集为 A，则训练算法的整体流程如下。

（1）利用样本集 A 来构建根节点。在此过程中，需要找到一个合适的判定规则，依据此规则将样本集 A 分割成 A_1 和 A_2 两部分，并为根节点设定相应的判定条件。

（2）采用递归的方式，利用样本子集 A_1 来构建左子树。

（3）采用递归的方式，利用样本子集 A_2 来构建右子树。

（4）在递归过程中，若遇到无法继续分割的情况，则将该节点标记为叶节点，并为其赋予一个具体的类别值或预测结果。

在确定这个递归流程之后，接下来要解决的核心问题是怎样对训练样本集进行分裂。

2.3.2 寻找最佳分裂

在训练决策树时，核心任务是找到一个分裂规则，以便将训练样本集有效地分割成两个子集。为了实现这一目标，首先要确立一个分裂的评价准则，依据这个准则来寻找最优的分裂方式。针对分类问题，我们的目标是确保分裂后的左右子树中的样本尽可能纯净，即它们主要归属于互不重叠的某一类或某几类。为此，需要定义不纯度的量化指标：当所有样本都属于同一类时，不纯度为 0，表示最纯净；而当样本均匀分布于所有类别时，不纯度达到最大值。符合这一特性的不纯度指标包括熵不纯度、Gini 不纯度及误分类不纯度等，接下来将逐一介绍这些指标。

不纯度指标是通过计算样本集中各类别样本出现的概率来构建的。因此，首先要计算每类出现的概率，这可以通过训练样本集中每类样本数除以样本总数得到：

$$p_i = \frac{N_i}{N}$$

式中，N_i 为第 i 类样本数；N 为样本总数。根据这个概率值可以定义各种不纯度指标。

样本集 D 的熵不纯度定义为

$$E(D) = -\sum_i p_i \log_2 p_i$$

熵在信息论中扮演着核心角色，它用于量化一组数据所蕴含的信息量。具体而言，当样本完全归属于某一类别时，熵值达到最小，意味着信息的确定性最高；相反，若样本在所有类别中均匀分布，则熵值最大，表示信息的不确定性最高。因此，在构建决策树时，我们的目标是找到一个分裂方式，使得分裂后的子树熵值最小，这样的分裂就被视为最优分裂。

样本集 D 的 Gini 不纯度定义公式为

$$G(D) = 1 - \sum_i (p_i)^2$$

Gini 不纯度是一个衡量样本集合纯净度的指标。当样本完全属于某一类别时，Gini 不纯度的值达到最小，即 0；相反，如果样本在所有类别中均匀分布，那么 Gini 不纯度的值就会达到最大。这源自以下数学结论，在下面的约束条件下：

$$\sum_i p_i = 1$$
$$p_i \geq 0$$

对于如下目标函数：

$$\sum_i (p_i)^2$$

当所有变量取值相等时，该函数取得极小值；而当只有一个变量取非零值（其他变量均为 0）

时，函数取得极大值，这对应于 Gini 不纯度的极小值，即所有样本都来自同一类时 Gini 不纯度的值最小，当样本在各类别中的分布完全均匀时，Gini 不纯度的值会达到其最大值。将类概率的计算公式代入 Gini 不纯度的定义公式，可以得到简化的计算公式：

$$G(D) = 1 - \sum_i (p_i)^2 = 1 - \sum_i \left(\frac{N_i}{N}\right)^2 = 1 - \frac{\sum_i (N_i)^2}{N^2}$$

样本集 D 的误分类不纯度定义公式为

$$G(D) = 1 - \max(p_i)$$

之所以这样定义是因为人们会把样本判定为频率最高的那一类，因此，其他样本都会被错分，故错误分类率为 $G(D)$。与 Gini 不纯度和误分类不纯度一样，当样本只属于某一类别时误分类不纯度有最小值 0，样本均匀地属于每类时该值最大。

上述所定义的是针对样本集的不纯度。然而，在决策树构建过程中，我们更关心的是分裂的质量。为此，我们需要基于样本集的不纯度来进一步构造出分裂的不纯度。分裂规则的作用是将节点的训练样本集一分为二，形成左、右两个子集。我们的目标是确保这两个子集在分裂后都尽可能纯净。因此，我们通过计算左、右两个子集的不纯度的加权和来评估分裂的不纯度，其中权重反映了各自子集中的训练样本数量，以确保评估的准确性和公正性。由此得到分裂的不纯度计算公式为

$$G = \frac{N_L}{N}G(D_L) + \frac{N_R}{N}G(D_R)$$

式中，$G(D_L)$ 是左子集的不纯度；$G(D_R)$ 是右子集的不纯度；N 是样本总数；N_L 是左子集的样本数；N_R 是右子集的样本数。

如果采用 Gini 不纯度指标，则将 Gini 不纯度的计算公式代入上式可以得到：

$$\begin{aligned}G &= \frac{N_L}{N}\left[1 - \frac{\sum_i (N_{L,i})^2}{(N_L)^2}\right] + \frac{N_R}{N}\left[1 - \frac{\sum_i (N_{R,i})^2}{(N_R)^2}\right] \\ &= \frac{1}{N}\left[N_L - \frac{\sum_i (N_{L,i})^2}{N_L}\right] + \frac{1}{N}\left[N_R - \frac{\sum_i (N_{R,i})^2}{N_R}\right] \\ &= 1 - \frac{1}{N}\left[\frac{\sum_i (N_{L,i})^2}{N_L} + \frac{\sum_i (N_{R,i})^2}{N_R}\right]\end{aligned}$$

式中，$N_{L,i}$ 是左子节点中第 i 类样本数；$N_{R,i}$ 是右子节点中第 i 类样本数。由于 N 是常数，要让 Gini 不纯度最小化等价于让下面的式子最大化：

$$\frac{\sum_i (N_{L,i})^2}{N_L} + \frac{\sum_i (N_{R,i})^2}{N_R}$$

该值可以被视为 Gini 纯度，样本纯度随着该值的变大而增高。为了找到最佳分裂，需要计算采用不同阈值对样本集进行分割后所得到的这个值，当寻找到该值最大时所对应的分裂，就将它定义为最佳分裂。如果是数值型特征，则对于每个特征将 l 个训练样本按照该特征的值从小到大排序，假设排序后的值为

$$x_1, x_2, \cdots, x_l$$

接下来从 x_1 开始，依次用每个 x_i 作为阈值，将样本分成左右两部分，计算上面的纯度，该值最大的分裂阈值就是此特征的最佳分裂阈值。在计算出每个特征的最佳分裂阈值和上面的纯度后，比较所有这些分裂的纯度大小，该值最大的分裂为所有特征的最佳分裂。这里采用贪心法的策略，每次都是选择当前条件下最好的分裂作为当前节点的分裂。对单个变量寻找最佳分裂阈值的过程如图 2-4 所示。

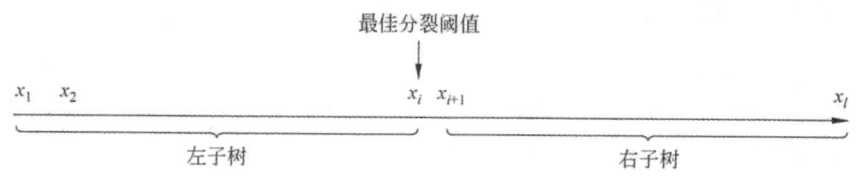

图 2-4　对单个变量寻找最佳分裂阈值的过程

对于回归树，衡量分裂的标准是回归误差（样本方差），每次分裂时选用使得方差最小化的那个分裂。假设节点的训练样本集有 l 个样本 $(\boldsymbol{x}, y)$，其中，$\boldsymbol{x}$ 为特征向量，y 为实数的标签值。节点的回归值为所有样本的均值，回归误差为所有样本的标签值与回归值的均方和误差，定义为

$$E(D) = \frac{1}{l}\sum_{i=1}^{l}(y_i - \overline{y})^2$$

把均值的定义代入上式，得到：

$$E(D) = \frac{1}{l}\sum_{i=1}^{l}\left(y_i - \frac{1}{l}\sum_{j=1}^{l}y_j\right)^2$$

$$= \frac{1}{l}\sum_{i=1}^{l}\left((y_i)^2 - 2y_i\frac{1}{l}\sum_{j=1}^{l}y_j + \frac{1}{l^2}\left(\sum_{j=1}^{l}y_j\right)^2\right)$$

$$= \frac{1}{l}\left(\sum_{i=1}^{l}(y_i)^2 - \frac{2}{l}\left(\sum_{i=1}^{l}y_i\right)^2 + \frac{1}{l}\left(\sum_{j=1}^{l}y_j\right)^2\right)$$

$$= \frac{1}{l}\left(\sum_{i=1}^{l}(y_i)^2 - \frac{1}{l}\left(\sum_{j=1}^{l}y_j\right)^2\right)$$

根据样本集的回归误差，我们同样可以构造出分裂的回归误差。分裂的目标是最大限度地减小回归误差，因此，把分裂的误差指标定义为分裂之前的回归误差减去分裂之后左、右子树的回归误差：

$$E = E(D) - \frac{N_L}{N}E(D_L) - \frac{N_R}{N}E(D_R)$$

将误差的计算公式代入上式，可以得到：

$$E = \frac{1}{N}\left(\sum_{i=1}^{N}(y_i)^2 - \frac{1}{N}\left(\sum_{i=1}^{N}y_i\right)^2\right) - \frac{N_L}{N}\left(\frac{1}{N_L}\left(\sum_{i=1}^{N_L}(y_i)^2 - \frac{1}{N_L}\left(\sum_{i=1}^{N_L}y_i\right)^2\right)\right) - \frac{N_R}{N}\left(\frac{1}{N_R}\left(\sum_{i=1}^{N_R}(y_i)^2 - \frac{1}{N_R}\left(\sum_{i=1}^{N_R}y_i\right)^2\right)\right)$$

$$= -\frac{1}{N^2}\left(\sum_{i=1}^{N}y_i\right)^2 + \frac{1}{N}\left(\frac{1}{N_L}\left(\sum_{i=1}^{N_L}y_i\right)^2 + \frac{1}{N_R}\left(\sum_{i=1}^{N_R}y_i\right)^2\right)$$

由于 N 和 $1-\dfrac{1}{N^2}\left(\sum\limits_{i=1}^{N} y_i\right)^2$ 是常数，要让上式最大化等价于让下式最大化：

$$\frac{1}{N_L}\left(\sum_{i=1}^{N_L} y_i\right)^2 + \frac{1}{N_R}\left(\sum_{i=1}^{N_R} y_i\right)^2$$

2.3.3 叶节点值的设定

若无法进一步进行分裂，则必须将该节点设定为叶节点。对于分类树，将叶节点的值设置成本节点的训练样本集中出现概率最大的那个类；对于回归树，将叶节点的值设置成本节点训练样本标签值的均值。

2.3.4 属性缺失

在某些情况下，样本特征向量中的一些分量没有值，这被称为属性缺失。例如，晚上我们无法观察到物体的颜色值，颜色属性就缺失了。在决策树的训练过程中，寻找最佳分裂时如果某个属性上有些样本有属性缺失，则可以把这些缺失该属性的样本剔除掉，然后照常训练，这是最简单的做法。

此外，还可以使用替代分裂规则。对于每个决策树节点除了计算出一个最佳分裂规则作为主分裂规则，还会生成一个或者多个替代分裂规则作为备选。在预测时，如果主分裂规则对应的特征出现缺失，则使用替代分裂规则进行判定。需要注意的是，替代分裂规则对于分类问题和回归问题进行相同的处理。

现在的关键问题是怎样生成替代分裂规则。主分裂和替代分裂对所有样本的分裂结果有 4 种情况，分别为

$$\text{LL，LR，RL，RR}$$

其中，LL 表示被主分裂、替代分裂都分到了左子树的样本数；LR 表示被主分裂分到了左子树，被替代分裂分到了右子树的样本数；RL 表示被主分裂分到了右子树，被替代分裂分到了左子树的样本数；RR 表示被主分裂和替代分裂都分到了右子树的样本数。

LL+RR 是被替代分裂正确分类的样本数，LR + RL 是被替代分裂错分的样本数。由于可以将左右子树反过来，因此，给定一个特征分量，在寻找替代分裂的分裂阈值时要让 LL+RR 或 LR+RL 最大化，最后取它们的最大值：

$$\max(\text{LL}+ \text{RR}，\text{LR} +\text{RL})$$

该值对应的分裂阈值为替代分裂的分裂阈值。对于除最佳分裂所用特征之外的其他所有特征，都找出该特征的最佳分裂和上面的值。最后取该值最大的那个特征和分裂阈值作为替代分裂规则。

2.3.5 剪枝算法

当决策树的结构变得过于烦琐时，可能会引发过拟合问题。为了应对这种情况，我们需要对树进行剪枝处理，即移除部分节点，使树的结构更为简洁。剪枝的关键问题是确定剪掉哪些树节点及剪掉它们之后如何进行节点合并。决策树的剪枝算法可以分为两类，分别称为预剪枝和后剪枝。预剪枝在树的训练过程中通过停止分裂对树的规模进行限制；后剪枝先构造出一棵

完整的树，然后通过某种规则消除掉部分节点，用叶节点替代。

预剪枝可以通过限定树的高度、节点的训练样本数、分裂所带来的纯度提升的最小值来实现，具体做法在前面已经讲述，在源代码分析中会介绍实现细节。后剪枝的典型算法包括降低错误剪枝、悲观错误剪枝，以及代价-复杂度剪枝等多种方法。特别地，分类与回归树（CART）常采用代价-复杂度剪枝算法。接下来，将详细阐述该算法的基本原理。"代价"指的是进行剪枝操作后，决策树在预测准确性上所产生的变化，具体表现为错误率的增减；"复杂度"则是指决策树自身的结构规模，通常与树的深度、节点数量等因素相关。训练出一棵决策树之后，剪枝算法首先计算该决策树每个非叶节点的 α 值，它是代价与复杂度的比值。该值定义为

$$\alpha = \frac{E(n) - E(n_t)}{|n_t| - 1}$$

式中，$E(n)$ 是节点 n 的错误率；$E(n_t)$ 是以节点 n 为根的子树的错误率；$|n_t|$ 是子树的叶节点数，即复杂度。α 值是用树的复杂度归一化之后的错误率增加值，即将整个子树剪掉之后用一个叶节点替代，相对于原来的子树错误率的增加值。该值越小，剪枝之后树的分类效果和剪枝之前越接近。上面的定义依赖于节点的错误率指标，下面对分类问题和回归问题介绍它的计算公式。对于分类问题，错误率定义为

$$E(n) = \frac{N - \max(N_i)}{N}$$

式中，N 是节点的样本总数；N_i 是第 i 类样本数，这就是之前定义的误分类指标。对于回归问题，错误率为节点样本集的均方误差。

$$E(n) = \frac{1}{N}\left(\sum_i y_i^2 - \frac{1}{N}\left(\sum_i y_i\right)^2\right)$$

子树的错误率为树的所有叶节点错误率之和。计算出 α 值之后，剪掉该值最小的节点得到剪枝后的树，然后重复这种操作直至剩下根节点，由此得到一个决策树序列：

$$T_0, T_1, \cdots, T_m$$

式中，T_0 是初始训练得到的决策树；T_{i+1} 是在 T_i 的基础上剪枝得到的，即剪掉 T 中 α 值最小的那个节点为根的子树，并用一个叶节点替代后得到的树。

整个剪枝算法分两步完成。

第一步先训练出 T_0，然后用上面的方法逐步剪掉树的所有非叶节点，直至只剩下根节点得到剪枝后的树序列。这一步的误差计算采用的是训练样本集。

第二步根据真实误差值从上面的树序列中挑选出一棵树作为剪枝后的结果。这可以通过交叉验证实现，用交叉验证的测试集对上一步得到的树序列的每棵树进行测试，并得到这些树的错误率，然后根据错误率选择最佳的树作为剪枝后的结果。

2.4 决策树算法案例

2.4.1 案例 1：鸟类与非鸟类判定

本案例根据 2 个特征将动物分成两类：鸟类和非鸟类。其中一个特征是是否有翅膀，另一

个特征是是否能在空中飞行。

案例流程如下。

（1）收集数据：可以使用任何方法。

（2）准备数据：由于树构造算法原本是为处理标称型数据设计的，因此在面对数值型数据时，需要先将其进行离散化处理以便分析。在理论上，可以采用多种方法对数值型数据进行离散化。当决策树构建完成后，重要的是要对树的结构进行图形化展示，并仔细核查以确保其符合我们的预期和数据的特性。

（3）分析数据：计算信息熵。

（4）划分数据集。

（5）选择划分数据集的最佳特征。

（6）训练算法：构造树的数据结构。

（7）测试算法：使用决策树进行分类。

（8）使用算法：此步骤可以适用于任何监督学习算法，而使用决策树可以更好地展示数据的内在含义。

1. 收集数据

数据收集表如表 2-2 所示。

表 2-2 数据收集表

样 本 编 号	是否能飞行	是否有翅膀	是否是鸟类
1	是	是	是
2	是	是	是
3	是	否	否
4	否	是	否
5	否	是	否

2. 准备数据

样本数据转换表如表 2-3 所示。

表 2-3 样本数据转换表

样 本 编 号	是否能飞行	是否有翅膀	是否是鸟类
1	1	1	1
2	1	1	1
3	1	0	0
4	0	1	0
5	0	1	0

利用 createDataSet() 函数将数据输入的代码如下。

```
def createDataSet():
    # dataSet 前两列是特征，最后一列是每个数据对应的分类标签
    dataSet = [[1, 1, 'y'],
               [1, 1, 'y'],
               [1, 0, 'n'],
```

```
            [0, 1, 'n'],
            [0, 1, 'n']]
    labels = ['can fly', 'wing']
    return dataSet, labels
```

3. 分析数据

为了计算熵,需要计算所有类别中所有可能值包含的信息熵,可通过下面的公式得到:

$$E(D) = -\sum_i p_i \log_2 p_i$$

公式转成代码形式如下所示。

```
def calcShannonEnt(dataSet):
    # -----------计算信息熵--------------------------
    # 求 list 的长度,表示计算参与训练的数据量
    numEntries = len(dataSet)
    # 计算分类标签 label 出现的次数
    labelCounts = {}
    # the the number of unique elements and their occurance
    for featVec in dataSet:
        # 将当前样本的标签存储,即每行数据的最后一个数据代表的是标签
        currentLabel = featVec[-1]
        # 为所有可能的分类创建字典,如果当前的键值不存在,则扩展字典并将当前键值加入字典。
每个键值都记录了当前类别出现的次数。
        if currentLabel not in labelCounts.keys():
            labelCounts[currentLabel] = 0
        labelCounts[currentLabel] += 1
    # 根据 label 标签的占比,求出 label 标签的信息熵
    shannonEnt = 0.0
    for key in labelCounts:
        # 使用所有类标签的发生频率,并计算类别出现的概率
        prob = float(labelCounts[key])/numEntries
        # log base 2
        # 计算信息熵,以 2 为底求对数
        shannonEnt -= prob * log(prob, 2)
    return shannonEnt
```

4. 划分数据集

划分数据集函数如下所示。

```
def splitDataSet(dataSet, index, value):
    # -----------划分数据集--------------------------------
    retDataSet = []
    for featVec in dataSet:
        # index 列为 value 的数据集(该数据集需要排除 index 列)
        # 判断 index 列的值是否为 value
        if featVec[index] == value:
            # chop out index used for splitting
            # [:index]表示前 index 行,即若 index 为2,就是取 featVec 的前 index 行
            reducedFeatVec = featVec[:index]
```

```
            reducedFeatVec.extend(featVec[index+1:])
            # [index+1:]表示从跳过 index 的 index+1 行，取接下来的数据
            # 收集结果值 index 列为 value 的行（该行需要排除 index 列）
            retDataSet.append(reducedFeatVec)
    return retDataSet
```

5. 选择划分数据集的最佳特征

代码如下。

```
def chooseBestFeatureToSplit(dataSet):
    # -----------选择最佳特征------------------------------------
    # 求第一行有多少列的 Feature，最后一列是 label 列
    numFeatures = len(dataSet[0]) - 1
    # label 的信息熵
    baseEntropy = calcShannonEnt(dataSet)
    # 最优的信息增益值和最优的 Featurn 编号
    bestInfoGain, bestFeature = 0.0, -1
    # iterate over all the features
    for i in range(numFeatures):
        # create a list of all the examples of this feature
        # 获取每个样本的第 i+1 个 feature，组成 list 集合
        featList = [example[i] for example in dataSet]
        # get a set of unique values
        # 获取剔除重复后的集合，使用 set 对 list 数据进行去重
        uniqueVals = set(featList)
        # 创建一个临时的信息熵
        newEntropy = 0.0
        # 遍历某一列的 value 集合，计算该列的信息熵
        # 遍历当前特征中的所有唯一属性值，对每个唯一属性值划分一次数据集，计算数据集的新熵
值，并对所有唯一特征值得到的熵求和
        for value in uniqueVals:
            subDataSet = splitDataSet(dataSet, i, value)
            prob = len(subDataSet)/float(len(dataSet))
            newEntropy += prob * calcShannonEnt(subDataSet)
        # Gain[信息增益]：划分数据集前后的信息变化，获取信息熵的最大值
        infoGain = baseEntropy - newEntropy
        print('infoGain=', infoGain, 'bestFeature=', i, baseEntropy, newEntropy)
        if (infoGain > bestInfoGain):
            bestInfoGain = infoGain
            bestFeature = i
    return bestFeature
```

6. 训练算法

构造树函数的代码如下所示。

```
def createTree(dataSet, labels):
    classList = [example[-1] for example in dataSet]
    # 如果数据集的最后一列的第一个值出现的次数等于整个集合的数量，也就是说，只有一个类别，
```

那么直接返回结果
```
        # 第一个停止条件：所有的类标签完全相同，直接返回该类标签
        # count() 函数用于统计括号中的值在 list 中出现的次数
        if classList.count(classList[0]) == len(classList):
            return classList[0]
        # 如果数据集只有一列，那么将最初出现 label 次数最多的一类作为结果
        # 第二个停止条件：使用完了所有特征，仍然不能将数据集划分成仅包含唯一类别的分组
        if len(dataSet[0]) == 1:
            return majorityCnt(classList)
        # 选择最优的列，得到最优列对应的 label 含义
        bestFeat = chooseBestFeatureToSplit(dataSet)
        # 获取 label 的名称
        bestFeatLabel = labels[bestFeat]
        # 初始化 myTree
        myTree = {bestFeatLabel: {}}
        # 注：labels 列表是可变对象，在 Python 函数中作为参数时传址引用，能够被全局修改
        # 这行代码导致函数外的同名变量被删除了元素，造成例句无法执行，提示 'no surfacing' is not in list
        del(labels[bestFeat])
        # 取出最优列，然后以它的 branch 进行分类
        featValues = [example[bestFeat] for example in dataSet]
        uniqueVals = set(featValues)
        for value in uniqueVals:
            # 求出剩余的标签 label
            subLabels = labels[:]
            # 遍历当前选择特征包含的所有属性值，在每个数据集划分上递归调用函数 createTree()
            myTree[bestFeatLabel][value]=createTree(splitDataSet(dataSet, bestFeat, value), subLabels)
        return myTree
```

7. 测试算法

使用决策树进行分类，代码如下所示。

```
    def classify(inputTree, featLabels, testVec):
        # 获取 Tree 的根节点对应的 key 值
        firstStr = list(inputTree.keys())[0]
        # 通过 key 得到根节点对应的 value
        secondDict = inputTree[firstStr]
        # 判断根节点名称获取根节点在 label 中的先后顺序，这样就知道输入的 testVec 如何开始对照树来进行分类
        featIndex = featLabels.index(firstStr)
        # 测试数据，找到根节点对应的 label 位置，也就知道从输入的数据的第几位来开始分类
        key = testVec[featIndex]
        valueOfFeat = secondDict[key]
        print('+++', firstStr, 'xxx', secondDict, '---', key, '>>>', valueOfFeat)
        # 判断分支是否结束：判断 valueOfFeat 是否是 dict 类型
        if isinstance(valueOfFeat, dict):
            classLabel = classify(valueOfFeat, featLabels, testVec)
```

```
    else:
        classLabel = valueOfFeat
return classLabel
```

8. 使用算法

下面将展示如何通过代码实现决策树的创建。

```
def birdTest():
    myDat, labels = createDataSet()
    import copy
    myTree = createTree(myDat, copy.deepcopy(labels))
    print(myTree)
    print(classify(myTree, labels, [1, 1]))
    dtPlot.createPlot(myTree)


if __name__ == "__main__":
    birdTest()
```

通过上述步骤，已经完成了决策树的创建。但是为了能够更加直观地看到决策树，我们需要添加一段代码来将该树画出，并显示在窗口中。

二维码 2.1

导入 Matplotlib 库，Matplotlib 是 Python 中一个强大的 2D 绘图库，它具备跨平台能力，能够生成众多高质量图像。利用 Matplotlib 库，我们可以轻松地绘制出各种类型的图表，包括但不限于绘图、直方图、功率谱图、柱状图、误差棒图及散点图等。具体代码可扫描左侧二维码进行查看。

通过上面的决策树绘制代码，就可以将数据转换成可视化的图片来方便观察。案例 1 的决策树图形如图 2-5 所示。

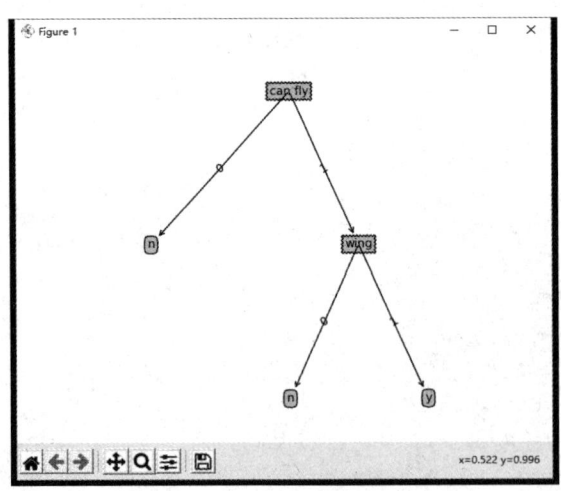

图 2-5　案例 1 的决策树图形

2.4.2　案例 2：隐形眼镜的类型决策

隐形眼镜的类型丰富多样，包括硬材质、软材质，同时还存在不适宜佩戴隐形眼镜的情况。

接下来，我们将借助决策树模型来预测患者适合佩戴哪种类型的隐形眼镜。

案例流程如下。

（1）收集数据：打开提供的文本文件。文件格式示例如图 2-6 所示。

```
young      myope    no     reduced  no lenses
young      myope    no     normal   soft
young      myope    yes    reduced  no lenses
young      myope    yes    normal   hard
young      hyper    no     reduced  no lenses
young      hyper    no     normal   soft
young      hyper    yes    reduced  no lenses
young      hyper    yes    normal   hard
pre        myope    no     reduced  no lenses
pre        myope    no     normal   soft
pre        myope    yes    reduced  no lenses
pre        myope    yes    normal   hard
pre        hyper    no     reduced  no lenses
pre        hyper    no     normal   soft
pre        hyper    yes    reduced  no lenses
pre        hyper    yes    normal   no lenses
presbyopic myope    no     reduced  no lenses
presbyopic myope    no     normal   no lenses
presbyopic myope    yes    reduced  no lenses
presbyopic myope    yes    normal   hard
presbyopic hyper    no     reduced  no lenses
presbyopic hyper    no     normal   soft
presbyopic hyper    yes    reduced  no lenses
presbyopic hyper    yes    normal   no lenses
```

图 2-6 文件格式示例

（2）解析数据：解析 Tab 键分隔的数据行，并给对应的数据配上标签。

```
# 加载隐形眼镜相关的文本文件数据
fr = open('./lenses.txt')
# 解析数据，获得 features 数据
lenses = [inst.strip().split('\t') for inst in fr.readlines()]
# 得到数据对应的 Labels
lensesLabels = ['age', 'prescript', 'astigmatic', 'tearRate']
```

（3）分析数据：快速检查数据，确保正确地解析数据内容，使用 createPlot() 函数绘制最终的树形图。

（4）训练算法：训练算法的最终目的是创建树，需要通过以下几个步骤来完成。

① 计算给定数据集的信息熵。

通过以下代码定义信息熵的公式。

```
def calcShannonEnt(dataSet):
    # 求 list 的长度，表示计算参与训练的数据量
    numEntries = len(dataSet)
    # 计算分类标签 label 出现的次数
    labelCounts = {}
    for featVec in dataSet:
        # 将当前样本的标签存储，即每一行数据的最后一个数据代表的是标签
        currentLabel = featVec[-1]
        # 为所有可能的分类创建字典，如果当前的键值不存在，则扩展字典并将当前键值加入字典。每个键值都记录了当前类别出现的次数
        if currentLabel not in labelCounts.keys():
            labelCounts[currentLabel] = 0
        labelCounts[currentLabel] += 1
```

```python
    # 对于 label 标签的占比，求出 label 标签的信息熵
    shannonEnt = 0.0
    for key in labelCounts:
        # 使用所有类标签的发生频率计算类别出现的概率
        prob = float(labelCounts[key])/numEntries
        # 计算信息熵，以 2 为底求对数
        shannonEnt -= prob * log(prob, 2)
    return shannonEnt
```

② 按照给定数据集进行划分，代码如下。

```python
def splitDataSet(dataSet, index, value):
    retDataSet = []
    for featVec in dataSet:
        # index 列为 value 的数据集（该数据集需要排除 index 列）
        # 判断 index 列的值是否为 value
        if featVec[index] == value:
            # chop out index used for splitting
            # [:index]表示前 index 行，即若 index 为2，就取 featVec 的前 index 行
            reducedFeatVec = featVec[:index]
            reducedFeatVec.extend(featVec[index+1:])
            # [index+1:]表示跳过 index 的 index+1 行，取接下来的数据
            # 收集结果值 index 列为 value 的行（该行需要排除 index 列）
            retDataSet.append(reducedFeatVec)
    return retDataSet
```

③ 选择最好的数据集划分方式，代码如下。

```python
def chooseBestFeatureToSplit(dataSet)
    # 求第一行有多少列的 Feature，最后一列是 label 列表
    numFeatures = len(dataSet[0]) - 1
    # label 的信息熵
    baseEntropy = calcShannonEnt(dataSet)
    # 最优的信息增益值和最优的 Feature 编号
    bestInfoGain, bestFeature = 0.0, -1
    # iterate over all the features
    for i in range(numFeatures):
        # create a list of all the examples of this feature
        # 获取每个样本的第 i+1 个 feature，组成 list 集合
        featList = [example[i] for example in dataSet]
        # get a set of unique values
        # 获取去重后的集合，使用 set 对 list 数据进行去重
        uniqueVals = set(featList)
        # 创建一个临时的信息熵
        newEntropy = 0.0
        # 遍历某一列的 value 集合，计算该列的信息熵
        # 针对当前特征中的每个唯一属性值，依次进行以下操作：首先，根据该属性值对数据集进行
        # 划分；其次，计算划分后各个数据集的新熵值；最后，将所有唯一属性值对应的新熵值进行累加求和
        for value in uniqueVals:
            subDataSet = splitDataSet(dataSet, i, value)
```

```python
            prob = len(subDataSet)/float(len(dataSet))
            newEntropy += prob * calcShannonEnt(subDataSet)
        # Gain[信息增益]：划分数据集前后的信息变化，获取信息熵的最大值
        # 信息增益是熵的减少或者是数据无序度的减少。比较所有特征中的信息增益，返回最好特征划分的索引值
        infoGain = baseEntropy - newEntropy
        print('infoGain=', infoGain, 'bestFeature=', i, baseEntropy, newEntropy)
        if (infoGain > bestInfoGain):
            bestInfoGain = infoGain
            bestFeature = i
    return bestFeature
```

④ 构造决策树，代码如下。

```python
def createTree(dataSet, labels):
    classList = [example[-1] for example in dataSet]
    # 如果数据集的最后一列的第一个值出现的次数等于整个集合的数量，也就是说，只有一个类别，那么直接返回结果就行
    # 第一个停止条件：所有的类标签完全相同，直接返回该类标签
    # count() 函数用于统计括号中的值在 list 中出现的次数
    if classList.count(classList[0]) == len(classList):
        return classList[0]
    # 如果数据集只有一列，那么将最初出现 label 次数最多的一类作为结果
    # 第二个停止条件：使用完了所有特征，仍然不能将数据集划分成仅包含唯一类别的分组
    if len(dataSet[0]) == 1:
        return majorityCnt(classList)
    # 选择最优的列，得到最优列对应的 label 含义
    bestFeat = chooseBestFeatureToSplit(dataSet)
    # 获取 label 的名称
    bestFeatLabel = labels[bestFeat]
    # 初始化 myTree
    myTree = {bestFeatLabel: {}}
    # 注: labels 列表是可变对象，在 Python 函数中作为参数时传址引用，能够被全局修改
    # 这行代码导致函数外的同名变量被删除了元素，造成例句无法执行，提示'no surfacing' is not in list
    del(labels[bestFeat])
    # 取出最优列，然后按它的 branch 进行分类
    featValues = [example[bestFeat] for example in dataSet]
    uniqueVals = set(featValues)
    for value in uniqueVals:
        # 求出剩余的标签 label
        subLabels = labels[:]
        # 遍历当前选择特征包含的所有属性值，在每个数据集划分上递归调用函数 createTree()
        myTree[bestFeatLabel][value]=createTree(splitDataSet(dataSet, bestFeat, value), subLabels)
        # print('myTree', value, myTree)
    return myTree
```

（5）测试算法：对数据进行分类。

```
def ContactLensesTest():
    """
    Desc:
        预测隐形眼镜的测试代码，并将结果画出来
    Args:
        none
    Returns:
        none
    """
    # 加载隐形眼镜相关的文本文件数据
    fr = open('lenses.txt')
    # 解析数据，获得 features 数据
    lenses = [inst.strip().split('\t') for inst in fr.readlines()]
    # 得到数据对应的 Labels
    lensesLabels = ['age', 'prescript', 'astigmatic', 'tearRate']
    # 使用上面的创建决策树的代码，构造预测隐形眼镜的决策树
    lensesTree = createTree(lenses, lensesLabels)
    print(lensesTree)
    # 画图可视化展现
    dtPlot.createPlot(lensesTree)
```

（6）使用算法：存储树的数据结构，以便下次使用时无须重新构造树。

通过 plotTree() 函数将决策树画出来，就可以得到如图 2-7 所示的结果。

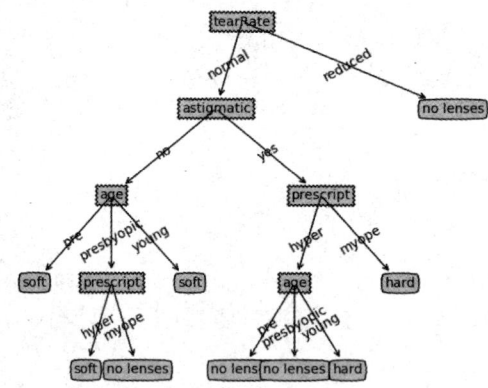

图 2-7　通过 plotTree() 函数画出来的决策树

第 3 章　K 最近邻算法

常言道，"物以类聚，人以群分"，要了解一个人的品性或特点，往往可以从他交往的朋友入手，通过观察他的朋友，往往能对其有所了解。KNN（K-Nearest Neighbor）算法，即 K 最近邻算法，就是与此理论类似的一种简单的机器学习算法。KNN 算法可以应用在文字识别、面部识别、预测某人是否喜欢推荐的电影、基因模式识别、检测某种疾病、客户流失预测、欺诈侦测等方面。

3.1　基本概念

KNN 算法由 Cover 和 Hart 于 1968 年提出，其核心思想在于利用 K 个最近的邻居来代表一个样本。具体而言，给定一个训练数据集，对于新的输入样本，算法会在训练数据集中寻找与该样本最接近的 K 个样本，即 K 个邻居。若这 K 个邻居中大多数属于某个类别，则将该输入样本分类到这个类别中。以猫和狗的图片识别为例，我们可以将 20 万张猫的图片和 20 万张狗的图片输入计算机中进行学习，确保每张图片都是唯一的。训练完成后，你可以随意选择一张图片进行测试，计算机会在存储的 40 万张图片中，寻找与该图片特征最接近的一张或多张（K 个邻居），并根据这些邻居的类别来判断该图片的类别，最终显示识别结果。它实际上是利用训练集对特征向量空间进行划分的。当 K 值、距离度量方法和分类决策规则（这三者通常被称为 K 最近邻算法的三要素）确定后，基于 KNN 算法的模型也就随之确定了。

为了确定一个样本的所属类别，我们可以先计算它与训练集中所有样本的距离，接着找出距离该样本最近的 K 个样本。随后，统计这 K 个样本的类别，通过投票的方式决定最终类别，即哪个类别的票数最多，就将样本归类为该类别。因为 KNN 算法通过直接比较待预测样本与训练样本之间的距离来进行相关操作，所以其也被称为基于样本的算法。

KNN 算法既高效又易于实现，是分类领域的佼佼者之一，在机器学习分类算法中占据举足轻重的地位。作为机器学习中最直观的算法之一，KNN 算法广泛应用于分类、回归及模式识别等多个领域。通常最近邻分类器适用于特征与目标类之间的关系为比较复杂的情况，二者之间的关系难以被轻易理解。不过相似类之间的特征却总是相似的。

3.2　算法原理及要素

KNN 算法通过测量样本间不同特征值的距离来执行分类任务。其核心思想是直观明了的：若一个样本在特征空间内与其最接近的 K 个样本（K 个最近邻）中的大多数归属于某一特定类别，则该样本同样被判定为该类别。

下面我们举一个简单的例子来进行说明。如图 3-1 所示，给出两个不同类别的样本数据，其中 A 类用方框表示，B 类用三角形表示。图 3-1 中心的圆形样本为需要进行判断的样本。

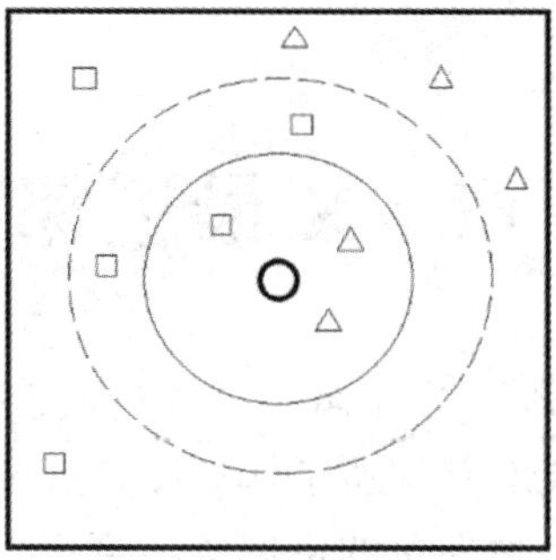

图 3-1 样本分布图

当 $K=3$ 时，选定距离需要判断样本最近的 3 个目标，即实线圆圈内的范围。此时 A 类样本有 1 个，B 类样本有 2 个，所以判断样本属于 B 类。

当 $K=5$ 时，选定距离需要判断样本最近的 5 个目标，即虚线圆圈内的范围。此时 A 类样本有 3 个，B 类样本有 2 个，所以判断样本属于 A 类。

当面对一个无法明确归类到已知分类中的待分类点时，可以借鉴统计学的原理，通过分析它所处的位置特征，并评估其周围邻居的重要性（权重）来做出决策。具体来说，我们会将这个待分类点归类到其 K 个最近的邻居中权重（或数量）占主导地位的那一类。这正是 KNN 算法所依据的核心思想。

尽管 KNN 算法在理论基础上也与极限定理有所关联，但在进行类别判断时，它主要依赖于极少量的邻近样本。KNN 算法不依赖判别整个类域的方式来确定样本的归属类别，而是侧重于考察样本周围有限的邻近样本。因此，在处理那些类别边界复杂、交叉或重叠较多的样本集时，KNN 算法相较于其他算法通常更为有效和适用。

由此可见，K 值的选择在 KNN 算法中至关重要。对于如何确定 K 值，并没有一个放之四海而皆准的法则，通常需要根据样本的具体分布情况来选择。一般会先选择一个较小的 K 值作为起点，然后通过交叉验证的方法来找到一个最合适的 K 值。如果选择较小的 K 值，那么预测会更多地依赖与输入样本较近或相似的训练样本。这样做的好处是训练误差会相对较小，因为只有那些与输入样本较为接近的训练样本才会对预测结果产生影响。然而，这样做也可能导致模型的泛化能力下降，即模型可能会变得过于复杂，从而增大过拟合的风险。相反，如果选择较大的 K 值，那么预测就会更多地依赖较大范围内的训练样本。这样做的好处是可以提高模型的泛化能力，减小过拟合的风险。但是，这样做也可能导致训练误差增大，因为那些与输入样本距离较远、相似性较低的训练样本也可能会对预测结果产生影响，从而增加预测错误的可能性。此外，随着 K 值的增大，模型的整体复杂度会降低，可能导致模型过于简单。当 K 值等于样本总数 m 时，KNN 算法就失去了分类的能力。因为此时无论输入什么样本，算法都会简单地预测它属于训练样本中最多的类别。这种情况下，模型就显得过于简单，无法有效地对输入样本进行分类。

3.3 预测算法

KNN 算法没有要求解的模型参数，因此没有训练过程，参数 K 由人工指定。它在预测时才会计算待预测样本与训练样本的距离。

对于分类问题，给定 1 个训练样本 (x_i, y_i)，其中 x_i 为特征向量，y_i 为标签值。设定参数 K，假设类型数为 c，待分类样本的特征向量为 x。预测算法的流程如下。

（1）在训练样本集中找出离 x 最近的 K 个样本，假设这些样本的集合为 N。

（2）统计集合 N 中每一类样本的个数 C_i，$i=1,2,\cdots,c$。

（3）最终的分类结果为 $\mathrm{argmax}_i C_i$。

在这里，$\mathrm{argmax}_i C_i$ 表示最大 C_i 值对应的那个类 i。如果 $K=1$，那么 KNN 算法将被简化为最近邻算法。

KNN 算法虽实现起来相对简便，但其也存在明显的短板。特别是在训练样本数量庞大、特征向量维度极高的情况下，其计算复杂度会显著提升。原因在于，在每次进行预测时，都需要计算待预测样本与训练集中每个样本之间的距离，并且还需要对这些距离进行排序，以便找出距离最近的 K 个样本。这一过程涉及大量的计算工作，从而导致了较高的计算复杂度。可以使用高效的部分排序算法，只找出最小的 K 个数；另外一种加速手段是用 kd 树实现快速的近邻样本查找。

一个需要解决的问题是参数 K 的取值。它需要根据问题和数据的特点来确定。在实现时可以考虑样本的权重，即每个样本都有不同的投票权重，这种方法被称为带权重的 KNN 算法。另外，还有其他改进措施，如模糊 KNN 算法。

KNN 算法也可以用于回归问题。假设离测试样本最近的 K 个训练样本的标签值为 y_i，则对样本的回归预测输出值为

$$\hat{y} = \left(\sum_{i=1}^{K} y_i\right) / K$$

即所有邻居的标签均值，在这里最近的 K 个邻居的贡献被认为是相等的。同样可以采用带权重的方案。带样本权重的回归预测函数为

$$\hat{y} = \left(\sum_{i=1}^{K} w_i y_i\right) / K$$

式中，w_i 为第 i 个样本的权重。权重值可以人工设定，或者用其他方法来确定。例如，将权重值设置为与距离成反比。

KNN 算法的一般流程如下。

（1）收集数据：可以使用任何方法。

（2）准备数据：距离计算所需要的数值，最好是结构化的数据格式。

（3）分析数据：可以使用任何方法。

（4）训练算法：此步骤不适合 KNN 算法。

（5）测试算法：计算错误率。

（6）使用算法：首先，需要提供样本数据和期望的结构化输出结果作为输入；接着，利用 KNN 算法对输入数据进行分类判断，确定每个数据点所属的类别；最后，根据算法的输出结果，我们可以进行相应的后续处理。

3.4 距离定义

KNN 算法的实现依赖于样本之间的距离值，需要计算测试对象与训练集中每个对象之

间的距离，因此需要定义距离的计算方式。在机器学习中，两个对象之间的距离有欧氏距离、曼哈顿距离、切比雪夫距离、闵可夫斯基距离、马氏距离、汉明距离、Bhattacharyya 距离。在 KNN 算法中一般采用的是欧氏距离（常用）或者曼哈顿距离。不同的距离定义，适用于不同特点的数据。

两个向量之间的距离为 $d(\boldsymbol{x}_i, \boldsymbol{x}_j)$，这是一个将两个维数相同的向量映射为一个实数的函数。距离函数必须满足以下条件，第一个条件是三角不等式：

$$d(\boldsymbol{x}_i, \boldsymbol{x}_k) + d(\boldsymbol{x}_k, \boldsymbol{x}_j) \geq d(\boldsymbol{x}_i, \boldsymbol{x}_j)$$

这与几何中的三角不等式吻合。第二个条件是非负性，即距离不能是一个负数：

$$d(\boldsymbol{x}_i, \boldsymbol{x}_j) \geq 0$$

第三个条件是对称性，即 i 到 j 的距离和 j 到 i 的距离必须相等：

$$d(\boldsymbol{x}_i, \boldsymbol{x}_j) = d(\boldsymbol{x}_j, \boldsymbol{x}_i)$$

第四个条件是区分性，如果两点间的距离为 0，则两点必须相同：

$$d(\boldsymbol{x}_i, \boldsymbol{x}_j) = 0 \Rightarrow \boldsymbol{x}_j = \boldsymbol{x}_i$$

满足上面 4 个条件的函数都可以用作距离定义。

3.4.1 常用距离定义

常用的距离函数有欧氏距离、马氏距离、Bhattacharyya 距离等。欧氏距离就是 n 维欧氏空间中两点之间的距离。对于 R^n 空间中有两个向量 $\boldsymbol{x}$ 和 $\boldsymbol{y}$，它们之间的距离定义为

$$d(\boldsymbol{x}, \boldsymbol{y}) = \sqrt{\sum_{i=1}^{n}(x_i - y_i)^2}$$

上式是我们最熟知的距离定义。在使用欧氏距离时应将特征向量的每个分量归一化，以减少因为特征值的尺度范围不同所带来的干扰，否则数值小的特征分量会被数值大的特征分量淹没。例如，特征向量包含两个分量，分别为身高和肺活量，身高的范围为 150 ~ 200cm，肺活量的范围为 2000 ~ 9000mL，如果不进行归一化，那么身高的差异对距离的贡献显然会被肺活量淹没。在计算欧氏距离时，仅仅是简单地将特征向量视为空间中的点，并据此来度量它们之间的距离，却并未顾及这些样本特征向量背后可能隐藏的概率分布规律。

马氏距离是一种概率意义上的距离，给定两个向量 $\boldsymbol{x}$ 和 $\boldsymbol{y}$，以及矩阵 $\boldsymbol{S}$，则它的定义为

$$d(\boldsymbol{x}, \boldsymbol{y}) = \sqrt{(\boldsymbol{x}-\boldsymbol{y})^\mathrm{T} \boldsymbol{S}(\boldsymbol{x}-\boldsymbol{y})}$$

要保证根号内的值非负，即矩阵 $\boldsymbol{S}$ 必须是半正定的。这种距离度量的是两个随机向量的相似度。当矩阵 $\boldsymbol{S}$ 为阶单位矩阵 $\boldsymbol{I}$ 时，马氏距离退化为欧氏距离。矩阵可以通过计算训练样本集的协方差矩阵得到，也可以通过训练样本学习得到。

KNN 算法的精度在很大程度上依赖于所使用的距离度量标准，为此他们提出了一种从带标签的样本集中学习得到距离度量矩阵的方法，称为距离度量学习（Distance Metric Learning）。

Bhattacharyya 距离定义了两个离散型或连续型概率分布的相似性。对于离散型随机变量的分布，它的定义为

$$d(\boldsymbol{x}, \boldsymbol{y}) = -\ln\left(\sum_{i=1}^{n}\sqrt{x_i \cdot y_i}\right)$$

式中，x_i、y_i 为两个随机变量取某一值的概率，它们是向量 x 和 y 的分量，且值必须非负。两个向量越相似，这个距离值越小。

3.4.2 距离度量学习

马氏距离中的矩阵 S 可以通过对样本的学习得到，这被称为距离度量学习。距离度量学习通过样本集学习到一种线性或非线性变换，它使变换后每个样本的 K 个最近的邻居都和它是同一类，而不同类型的样本通过一个大的间隔被分开，这与线性判别分析的思想类似。如果原始的样本为 x，变换之后的为 y，则在这里要寻找的是如下线性变换：

$$y = Lx$$

式中，L 为线性变换矩阵。首先定义目标邻居的概念。一个样本的目标邻居是与该样本同类型的样本。我们期望通过学习获取一种线性变换，使得经其变换后，每个样本最近的邻居恰好为与之同类型的目标邻居：

$$j \to i$$

上式表示训练样本 x_j 是样本 x_i 的目标邻居。这个概念是不对称的，x_j 是 x_i 的目标邻居不等于 x_i 是 x_j 的目标邻居。

为了保证 KNN 算法能准确分类，任意一个样本的目标邻居样本都要比其他类别的样本更接近于该样本。对于每个样本，可以将目标邻居想象成为这个样本建立起了一个边界，使得与该样本标签值不同的样本无法入侵。在训练样本集中，入侵这个边界并且与该样本标签值的不同样本被称为冒充者（Impostors），这里的目标是最小化冒充者的数量。

为了增强 KNN 分类的泛化性能，要让冒充者离由目标邻居估计出的边界的距离尽可能远。通过在 KNN 决策边界周围加上一个大的安全间隔（Margin），可以有效地提高算法的鲁棒性。

接下来定义冒充者的概念。对于训练样本 x_i，其标签值为 y_i，目标邻居为 x_j，冒充者是指那些与 x_i 有不同的标签值并且满足如下不等式的样本 x_l：

$$\|L(x_i - x_l)\|^2 \leq \|x_i - x_j\|^2 + 1$$

式中，L 为线性变换矩阵，左乘这个矩阵相当于对向量进行线性变换。根据上面的定义，冒充者就是入侵了一个样本的分类间隔区域并且是与该样本标签值不同的样本。这个线性变换实际上确定了一种距离定义：

$$\|L(x_i - x_j)\| = \sqrt{L(x_i - x_j)^\mathrm{T} L(x_i - x_j)}$$
$$= \sqrt{(x_i - x_j)^\mathrm{T} L^\mathrm{T} L(x_i - x_j)}$$

式中，$L^\mathrm{T} L$ 就是马氏距离中的矩阵。

在训练时，优化的损失函数由推损失函数和拉损失函数两部分构成。拉损失函数的作用是让与样本标签相同的样本尽可能与它接近：

$$\varepsilon_{\text{pull}}(L) = \sum_{j \to i} \|L(x_i - x_j)\|^2$$

推损失函数的作用是把不同类型的样本推开：

$$\varepsilon_{push}(L) = \sum_{i,j \to i} \sum_{l} (1-y_{il}) \left[1 + \left\| L(x_i - x_j) \right\|^2 - \left\| L(x_i - x_l) \right\|^2 \right]_+$$

如果 $y_i = y_j$，则 $y_{ij} = 1$，否则 $y_{ij} = 0$，函数 $[z]_+$ 的定义为

$$[z]_+ = \max(z, 0)$$

如果两个样本类型相同，则

$$1 - y_{il} = 0$$

因此，推损失函数只对不同类型的样本起作用。总损失函数由这两部分的加权和构成：

$$\varepsilon(L) = (1-\mu)\varepsilon_{pull}(L) + \mu\varepsilon_{push}(L)$$

这里 μ 是人工设定的参数。求解该最小化问题即可得到线性变换矩阵。通过这个线性变换，同类型的样本都可成为最近的邻居节点；而不同类型的样本会被拉开距离。这会有效地提高 KNN 算法的分类精度。

3.5　K 最近邻算法案例

3.5.1　案例 1：基于 K 最近邻算法的数据分类

本案例用已存在的先验数据，通过 KNN 算法对未知数据进行分类。表 3-1 所示为已知数据表。

表 3-1　已知数据表

属性 1	属性 2	类　别
1.0	0.9	A
1.0	1.0	A
0.1	0.2	B
0	0.1	B

该数据表一共包含 4 个样本，分别属于 A、B 两个类别，通过以下代码将数据生成一个数据集。

```
def createDataSet():
    # 生成一个矩阵，每行表示一个样本
    group = array([[1.0, 0.9], [1.0, 1.0], [0.1, 0.2], [0.0, 0.1]])
    # 4个样本分别所属的类别
    labels = ['A', 'A', 'B', 'B']
    return group, labels
```

数据集生成完成后，需要定义 KNN 分类算法函数，代码如下。

```
def KNNClassify(newInput, dataSet, labels, k):
    numSamples = dataSet.shape[0]    # shape[0]表示行数
    diff = tile(newInput, (numSamples, 1)) - dataSet    # 按元素求差值
    squaredDiff = diff ** 2    # 取差值平方
    squaredDist = sum(squaredDiff, axis = 1)    # 按行累加
    distance = squaredDist ** 0.5    # 对差值平方和求开方，求得距离
# # step 1: 对距离排序
```

```python
# argsort() 返回排序后的索引值
sortedDistIndices = argsort(distance)
classCount = {} # define a dictionary (can be append element)
for i in range(k):
    # # step 2: 选择 k 个最近邻
    voteLabel = labels[sortedDistIndices[i]]
    # # step 3: 计算 k 个最近邻中各类别出现的次数
    # when the key voteLabel is not in dictionary classCount, get()
    # will return 0
    classCount[voteLabel] = classCount.get(voteLabel, 0) + 1
# # step 4: 返回出现次数最多的类别标签
maxCount = 0
for key, value in classCount.items():
    if value > maxCount:
        maxCount = value
        maxIndex = key
return maxIndex
```

选择最近邻的参数为 3，并将表 3-2 中两个测试数据代入 KNN 算法中得到最终的结果。

表 3-2　最终结果数据表

属 性 1	属 性 2
1.2	1.0
0.1	0.3

代码如下。

```python
# 生成数据集和类别标签
dataSet, labels = createDataSet()
# 定义一个未知类别的数据
testX = array([1.2, 1.0])
k = 3
# 调用分类函数对未知数据分类
outputLabel = KNNClassify(testX, dataSet, labels, 3)
print("Your input is:", testX, "and classified to class: ", outputLabel)

testX = array([0.1, 0.3])
outputLabel = KNNClassify(testX, dataSet, labels, 3)
print("Your input is:", testX, "and classified to class: ", outputLabel)
```

程序正常运行的结果如图 3-2 所示。

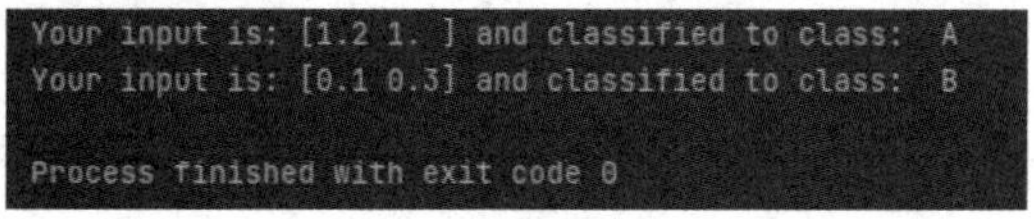

图 3-2　案例 1 结果图

3.5.2　案例 2：基于 KNN 算法的手写数字识别系统

本案例将通过 KNN 算法对 0~9 的手写数字进行分类，需要识别的是存储在文本文件中具有相同色彩和大小的数字：宽高是 32 像素×32 像素的黑白图像。

案例主要流程如下。

（1）收集数据：提供文本文件。

（2）准备数据：编写函数 img2vector()，将图像格式转换为分类器使用的向量格式并分析数据，即在 Python 命令提示符中检查数据，确保它符合要求。

（3）测试算法：编写函数使用提供的部分数据集作为测试样本。测试样本与非测试样本的区别在于测试样本是已经完成分类的数据，如果预测分类与实际类别不同，则标记为一个错误。

获取关于手写数字的样本集和测试集。它们将被从图片的形式转换为数组的形式，数据样本图片如图 3-3 所示。

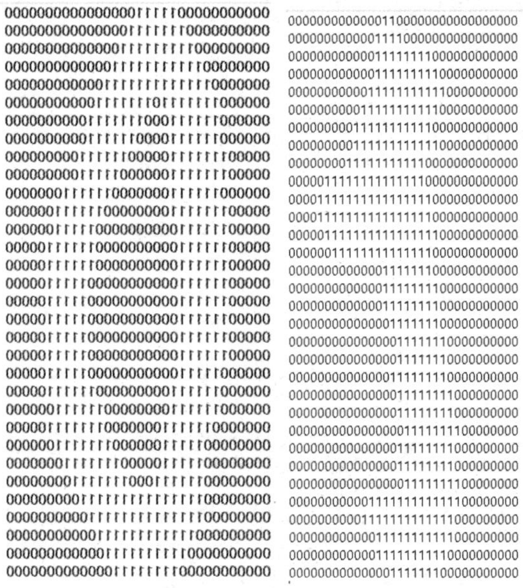

图 3-3 数据样本图片

样本集一共包含了从 0 到 9 的 2000 个样本，即每个数字约 200 个样本。而测试集中则包含了 900 个测试数据，将被用来检测模型的准确性。在得到了足够的数据集和测试集后，我们需要将文本文件转换为向量文件，代码如下。

```
def img2vector(filename):
    """
    Desc:
        将图片数据转换为向量
    Args:
        filename -- 图片文件 因为我们输入数据的图片格式是 32 像素 × 32 像素的
    Returns:
        returnVect -- 图片文件处理完成后的一维矩阵

    该函数将图像转换为向量：该函数创建 1 × 1024 的 NumPy 数组，然后打开给定的文件，
    循环读出文件的前 32 行，并将每行的头 32 个字符值存储在 NumPy 数组中，最后返回数组
    """
```

```python
    returnVect = zeros((1, 1024))
    fr = open(filename, 'r')
    for i in range(32):
        lineStr = fr.readline()
        for j in range(32):
            returnVect[0, 32 * i + j] = int(lineStr[j])
    return returnVect
```

将图片数据转换为向量后,需要编写一个 KNN 分类函数,即通过代码来实现距离的计算。此函数需要 4 个变量,分别为 inX——用于分类的输入向量/测试数据,dataSet——训练数据集的 features,labels——训练数据集的 labels,k——选择最近邻的数目。

```python
def classify0(inX, dataSet, labels, k):
    # 1. 距离计算
    dataSetSize = dataSet.shape[0]
    diffMat = tile(inX, (dataSetSize, 1)) - dataSet
    # 取平方
    sqDiffMat = diffMat ** 2
    # 将矩阵的每一行相加
    sqDistances = sqDiffMat.sum(axis=1)
    # 开方
    distances = sqDistances ** 0.5
    # 根据距离从小到大排序,返回对应的索引位置
    # argsort()用于将 x 中的元素从小到大排列,提取其对应的 index(索引),然后输出到 y
    sortedDistIndicies = distances.argsort()
    # 2. 选择距离最小的 k 个点
    classCount = {}
    for i in range(k):
        # 找到该样本的类型
        voteIlabel = labels[sortedDistIndicies[i]]
        # 在字典中将该类型加一
        # 字典的 get 方法
        # 例如: list.get(k,d)中 get 相当于一条 if...else...语句,如果参数 k 不在字典中,
        # 则返回参数 d,如果 k 在字典中,则返回 k 对应的 value
        # l = {5:2,3:4}
        # print l.get(3,0)返回值是 4;
        # Print l.get(1,0)返回值是 0;
        classCount[voteIlabel] = classCount.get(voteIlabel, 0) + 1
    # 3. 排序并返回出现最多的那个类型
    sortedClassCount=sorted(classCount.items(), key=operator.itemgetter(1), reverse=True)
    return sortedClassCount[0][0]
```

对训练数据和测试数据进行导入,检测 KNN 算法的效果。

```python
def handwritingClassTest():
    # 1. 导入训练数据
    hwLabels = []
    trainingFileList = os.listdir("./trainingDigits") # load the training set
    m = len(trainingFileList)
```

```python
    trainingMat = zeros((m, 1024))
    # hwLabels存储0~9对应的index位置，trainingMat存储每个位置对应的图片向量
    for i in range(m):
        fileNameStr = trainingFileList[i]
        fileStr = fileNameStr.split('.')[0]     # take off .txt
        classNumStr = int(fileStr.split('_')[0])
        hwLabels.append(classNumStr)
        # 32×32 的矩阵→1×1024 的矩阵
        trainingMat[i] = img2vector('./trainingDigits/%s' % fileNameStr)
    # 2. 导入测试数据
    testFileList = os.listdir('./testDigits')    # 遍历测试数据
    errorCount = 0
    mTest = len(testFileList)
    for i in range(mTest):
        fileNameStr = testFileList[i]
        fileStr = fileNameStr.split('.')[0]      # take off.txt
        classNumStr = int(fileStr.split('_')[0])
        vectorUnderTest = img2vector('./testDigits/%s' % fileNameStr)
        classifierResult = classify0(vectorUnderTest, trainingMat, hwLabels, 3)
        print("the classifier came back with: %d, the real answer is: %d" % (classifierResult, classNumStr))
        errorCount += classifierResult != classNumStr
    print("\nthe total number of errors is: %d" % errorCount)
    print("\nthe total error rate is: %f" % (errorCount / mTest))
```

程序正常运行的结果如图 3-4 所示。

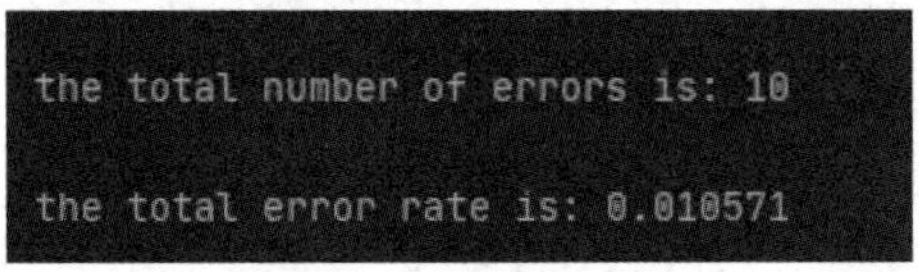

```
the total number of errors is: 10

the total error rate is: 0.010571
```

图 3-4　案例 2 结果图

图 3-4 中给出了将整个测试集代入模型后的结果，其判断错误率为 0.01%。

第 4 章 支持向量机

支持向量机（SVM）算法以统计学习理论中的 VC 维理论和结构风险最小化原理为根基。它致力于在模型的复杂度（反映为对给定训练样本的学习精确度）与学习效能（无误识别任意样本的潜能）之间找到一个最优的平衡点。这一平衡点的寻求旨在最大化模型的推广能力，又称泛化能力。简而言之，支持向量机是一种旨在优化预测性能的机器学习算法。支持向量（Support Vector）就是离分隔超平面最近的那些点，而机（Machine）则表示一种算法，不表示机器。历经二十余年，支持向量机算法始终稳居机器学习领域的核心地位，成为最具影响力的算法之一，其应用范围不仅限于分类问题，还成功拓展至回归问题。凭借出色的泛化能力、对小样本数据集的高效处理及对高维特征的卓越适应性，支持向量机算法在众多实际问题中得到了广泛应用。尤其在处理小样本、非线性及高维模式识别任务时，支持向量机算法展现出了独特的优势，并且这些优势也使其能够被顺利推广至函数拟合等其他机器学习领域。

4.1 基本概念

1995 年，Cortes 与 Vapnik 引入了支持向量机这一概念，该算法将训练误差设定为优化问题的约束条件，而将置信范围的最小化作为核心的优化目标。简而言之，支持向量机遵循结构风险最小化的学习原则，这一特性使其在泛化能力上超越了众多传统学习方法。凭借卓越的学习效能，支持向量机迅速成为机器学习领域的研究焦点，并在诸多实践领域取得了显著的应用成果。

例如，支持向量机在人脸检测、验证和识别领域展现了其强大的能力。Osuna 率先将支持向量机应用于人脸检测，通过直接训练非线性分类器，实现了人脸与非人脸的有效区分。然而，支持向量机的训练过程对存储空间需求较大，且非线性分类器需要较多的支持向量，导致处理速度较慢。为解决这一问题，实际应用中广泛采用了层次结构分类器，该分类器结合了线性分类器的快速排除能力和非线性分类器的精确确认能力，从而显著提高了检测效率。

在人脸检测研究中，姿态的变化是一个复杂且具有挑战性的问题。基于支持向量机的姿态分类器在这一领域取得了显著成果，分类错误率降至 1.67%，这一表现明显优于传统的人工神经网络方法。通过将面部特征的提取和识别视为对 3D 物体投影图像的匹配问题，并利用支持向量机在处理小样本问题和泛化能力方面的优势，许多研究取得了比传统最近邻分类器和 BP 网络分类器更高的识别率。

贝尔实验室针对美国邮政手写数字库进行的实验也验证了支持向量机的优越性能。尽管人工识别的平均错误率仅为 2.5%，而专门针对该问题设计的层神经网络的错误率为 5.1%（其中融入了丰富的先验知识），但支持向量机在采用三种不同的核函数时，错误率均保持在 4.0%～4.2% 之间。值得注意的是，支持向量机直接采用了 16×16 的字符点阵作为输入，无须进行复杂的预处理。

在手写体数字 0~9 的识别中,支持向量机同样展现了其有效性。这些数字的特征可以分为结构特征和统计特征等。通过充分利用支持向量机在处理非线性问题和泛化能力方面的优势,一些实验取得了令人瞩目的成果。

支持向量机是一种基于有监督学习的广义二元分类算法,既支持线性分类又支持非线性分类。经过不断发展,支持向量机现在也可以处理多元分类问题,并广泛应用于模式分类和回归分析。其基本思想是,首先在线性可分的情况下,在原空间寻找最优分类超平面以分隔两类样本;在线性不可分的情况下,通过引入松弛变量和非线性映射,将低维输入空间的样本映射到高维特征空间,使其变为线性可分的情况。然后,在高维特征空间中构建最优分类超平面,该超平面通过最大化间隔来分隔样本。支持向量机采用结构风险最小化原理,确保分类器在全局范围内达到最优,并在整个样本空间中满足一定的期望风险上界。

由简至繁的模型如下。
- 当训练样本线性可分时,通过硬间隔最大化,学习一个线性可分支持向量机。
- 当训练样本近似线性可分时,通过软间隔最大化,学习一个线性支持向量机。
- 当训练样本线性不可分时,通过核技巧和软间隔最大化,学习一个非线性支持向量机。

4.2 线性分类器

线性分类器(感知机)是一种既简洁又高效的分类工具。通过研究线性分类器的工作原理,可以深入理解支持向量机的构建逻辑及核心概念。在线性分类器的框架下,我们能够清晰地看到支持向量机是如何形成的,并把握其精髓所在。线性函数计算简单,训练时易于求解,是机器学习领域被研究得最深入的模型之一。支持向量机是最大化分类间隔的线性分类器,如果使用核函数,则可以解决非线性问题。

对于线性可分的数据,其线性分类包含两种直观理解,第一种为逻辑回归,若该算法的参数合适,那么它不仅要保证分类结果正确,还要保证分类结果的确定性;第二种为线性分类线,若分类线的参数合适,则它与两类样本的几何距离都足够远。

4.2.1 线性分类器概述

线性分类器是 n 维空间中的分类超平面,将空间切分成两部分。对于二维空间,该分类器是一条直线;对于三维空间,该分类器是一个平面;超平面是在更高维空间的推广。它的方程为

$$\boldsymbol{w}^\mathrm{T}\boldsymbol{x}+b=0$$

式中,$\boldsymbol{x}$ 为输入向量;$\boldsymbol{w}$ 为权重向量;b 为偏置项。权重向量和偏置项这两个参数通过训练得到。对于一个样本,如果满足

$$\boldsymbol{w}^\mathrm{T}\boldsymbol{x}+b \geq 0$$

则归属为正样本,否则归属为负样本。图 4-1 所示为线性分类器对空间进行分割的示意图,在这里是二维平面。

在图 4-1 中,直线将二维平面分成了两部分,落在直线左边的点被判定成第一类,落在直线右边的点被判定成第二类。线性分类器的判别函数可以写成

$$\mathrm{sgn}(\boldsymbol{w}^\mathrm{T}\boldsymbol{x}+b)$$

给定一个样本的向量，代入上面的判别函数中，就可以得到它的类别值±1。这种线性模型又称感知器模型。

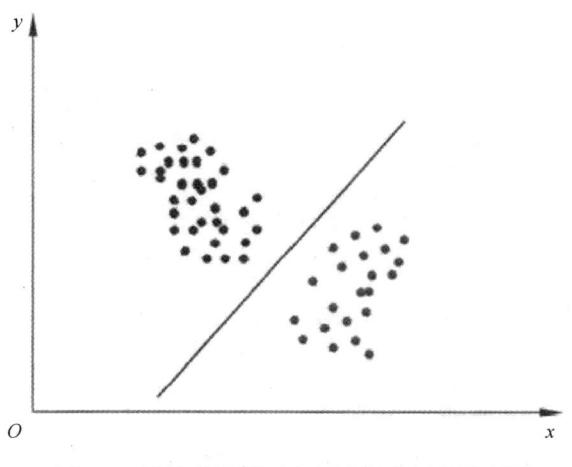

图 4-1　线性分类器对空间进行分割的示意图

4.2.2　分类间隔

一般情况下，给定一组训练样本可以得到不止一个可行的线性分类器，图 4-2 就是一个例子。

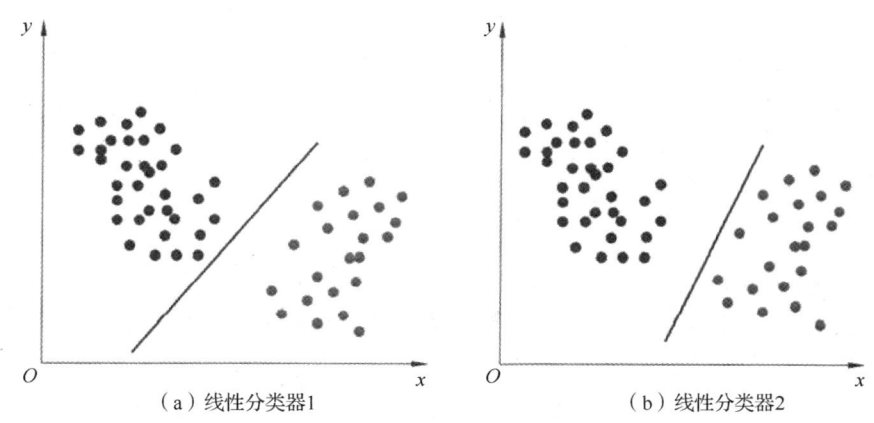

图 4-2　得到两个可行的线性分类器示意图

在图 4-2 中，两条直线都可以将两类样本分开，其关键在于，如何在多个可行的线性分类器中选择最好的。从直观理解的角度来看，为了获得优异的泛化能力，分类平面应当保持中立，不偏袒任何一类，并且尽可能地远离两类样本，以确保分类的准确性和稳健性。这种最大化分类间隔的目标就是支持向量机的基本思想。

4.3　线性可分性

首先，考虑样本线性可分的情况，这意味着存在一个超平面能够清晰地将两类样本分隔开。当一个线性函数具备这样的分隔能力时,则称这些样本数据是线性可分的。在不同的空间维度中,这个线性函数有不同的表现形式:在一维空间中,它是一个点;在二维空间中,它是一条直线;在三维空间中,它是一个平面。更广泛地讲,在 n 维空间中,这个线性函数对应的是一个 $n-1$ 维的超平面。为了简化讨论,通常不特别指出空间的具体维度,而是统一将这种线性函数称为超平面。举一个简单的二维空间的例子,O 代表正类,X 代表负类,样本是线性可分的。能将样本分开的直线不止一条,而是有无数条,线性可分支持向量机就对应着能将数据正确划分并且间隔最大的那条直线。

4.3.1 原问题

支持向量机的核心目标是找到一个分类超平面,该超平面不仅要准确无误地对每个样本进行分类,还要确保每类样本中离超平面最近的点到该超平面的距离达到最大化。假设训练样本集中有 l 个样本,特征向量 $\bm{x}_i$ 是 n 维向量,类别标签 y_i 取值为+1 或-1,分别对应正样本和负样本。

支持向量机为这些样本寻找一个最优分类超平面,其方程为

$$\bm{w}^T\bm{x}+b=0$$

首先要保证每个样本都被正确分类。对于正样本,有

$$\bm{w}^T\bm{x}+b \geq 0$$

对于负样本,有

$$\bm{w}^T\bm{x}+b < 0$$

由于正样本的类别标签为+1,负样本的类别标签为-1,因此可以统一写成如下不等式约束:

$$y_i(\bm{w}^T\bm{x}_i+b) \geq 0$$

其次要保证超平面离两类样本的距离尽可能大。根据点到平面的距离公式,每个样本到分类超平面的距离为

$$d = \frac{|\bm{w}^T\bm{x}_i+b|}{\|\bm{w}\|}$$

式中,$\|\bm{w}\|$ 是向量的 L2 范数。上面的超平面方程有冗余,将方程两边都乘以不等于 0 的常数,还是同一个超平面,利用这个特点可以简化求解的问题。对 $\bm{w}$ 和 b 加上如下约束:

$$\min_{\bm{x}_i}|\bm{w}^T\bm{x}_i+b|=1$$

可以消掉这个冗余,同时简化点到超平面距离的计算公式。这样对分类超平面的约束就变成

$$y_i(\bm{w}^T\bm{x}_i+b) \geq 1$$

上式为前不等式约束的加强版。分类超平面与两类样本之间的距离为

$$d(\bm{w},b) = \min_{\bm{x}_i,y_i=-1} d(\bm{w},b;\bm{x}_i) + \min_{\bm{x}_i,y_i=1} d(\bm{w},b;\bm{x}_i)$$

$$= \min_{\bm{x}_i,y_i=-1} \frac{|\bm{w}^T\bm{x}_i+b|}{\|\bm{w}\|} + \min_{\bm{x}_i,y_i=1} \frac{|\bm{w}^T\bm{x}_i+b|}{\|\bm{w}\|}$$

$$= \frac{1}{\|\bm{w}\|}(\min_{\bm{x}_i,y_i=-1}|\bm{w}^T\bm{x}_i+b| + \min_{\bm{x}_i,y_i=1}|\bm{w}^T\bm{x}_i+b|)$$

$$= \frac{2}{\|\bm{w}\|}$$

支持向量机的目标是使这个间隔最大化，这等价于最小化下面的目标函数：
$$\frac{1}{2}\|w\|^2$$
加上前面定义的约束条件之后，求解的优化问题可以写成
$$\min \frac{1}{2} w^T w$$
$$y_i\left(w^T x_i + b\right) \geq 1$$

目标函数的 Hessian 矩阵是 n 阶单位矩阵 I，它是严格的正定矩阵，因此，目标函数是严格凸函数。它的可行域是由线性不等式围成的区域，是一个凸集。因此，这个优化问题是一个凸优化问题。由于假设数据是线性可分的，因此，一定存在 w 和 b 使得不等式约束严格满足，根据 Slater 条件，强对偶成立。事实上，如果 w 和 b 是一个可行解，即
$$w^T x_i + b \geq 1$$
则 $2w$ 和 $2b$ 也是可行解，且
$$2w^T x_i + 2b \geq 2 > 1$$
可以将该问题转换为对偶问题来求解。目标函数有下界，显然有
$$\frac{1}{2} w^T w \geq 0$$
并且其可行域不是空集，因此，函数的最小值一定存在，由于目标函数是严格凸函数，所以解唯一。

在图 4-3 中，左上和右下都有两个离分类直线最近的样本点。将这些属于同一类别的最近样本点各自相连，可以形成两条相互平行的直线，而分类直线恰好位于这两条平行线之间的中央位置。

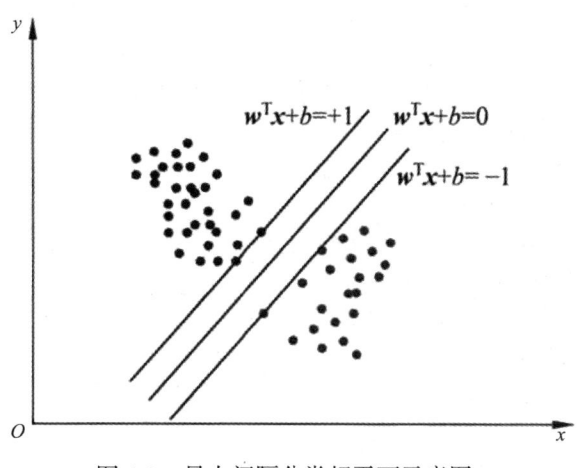

图 4-3　最大间隔分类超平面示意图

4.3.2　对偶问题

上述优化问题由于包含了大量的不等式约束，直接求解显得颇为棘手。为了简化这一过程，可以巧妙地运用拉格朗日对偶原理，将其转化为一个对偶问题，从而更便于求解。为上面的优化问题构造拉格朗日函数：

$$L(\boldsymbol{w},b,\alpha) = \frac{1}{2}\boldsymbol{w}^\mathrm{T}\boldsymbol{w} - \sum_{i=1}^{l}\alpha_i\left(y_i\left(\boldsymbol{w}^\mathrm{T}\boldsymbol{x}_i+b\right)-1\right)$$

约束条件为 $\alpha_i > 0$，强对偶成立，原问题与对偶问题有相同的最优解：

$$\min_{\boldsymbol{w},b}\max_{\alpha} L(\boldsymbol{w},b,\alpha) \Leftrightarrow \max_{\alpha}\min_{\boldsymbol{w},b} L(\boldsymbol{w},b,\alpha)$$

这里求解对偶问题，先固定拉格朗日乘子（乘子变量）α，调整 $\boldsymbol{w}$ 和 b，使得拉格朗日函数取极小值，把 α 看作常数，对 $\boldsymbol{w}$ 和 b 求偏导数并令它们为 0，得到如下方程组：

$$\frac{\partial L}{\partial b} = 0$$
$$\nabla_{\boldsymbol{w}} L = 0$$

解得

$$\sum_{i=1}^{l}\alpha_i y_i = 0$$

$$\boldsymbol{w} = \sum_{i=1}^{l}\alpha_i y_i \boldsymbol{x}_i$$

将上面两个解代入拉格朗日函数消掉 $\boldsymbol{w}$ 和 b：

$$\frac{1}{2}\boldsymbol{w}^\mathrm{T}\boldsymbol{w} - \sum_{i=1}^{l}\alpha_i\left(y_i\left(\boldsymbol{w}^\mathrm{T}\boldsymbol{x}_i+b\right)-1\right)$$

$$= \frac{1}{2}\boldsymbol{w}^\mathrm{T}\boldsymbol{w} - \sum_{i=1}^{l}\left(\alpha_i y_i \boldsymbol{w}^\mathrm{T}\boldsymbol{x}_i + \alpha_i y_i b - \alpha_i\right)$$

$$= \frac{1}{2}\boldsymbol{w}^\mathrm{T}\boldsymbol{w} - \sum_{i=1}^{l}\alpha_i y_i \boldsymbol{w}^\mathrm{T}\boldsymbol{x}_i - \sum_{i=1}^{l}\alpha_i y_i b + \sum_{i=1}^{l}\alpha_i$$

$$= \frac{1}{2}\boldsymbol{w}^\mathrm{T}\boldsymbol{w} - \boldsymbol{w}^\mathrm{T}\sum_{i=1}^{l}\alpha_i y_i \boldsymbol{x}_i - b\sum_{i=1}^{l}\alpha_i y_i + \sum_{i=1}^{l}\alpha_i$$

$$= \frac{1}{2}\boldsymbol{w}^\mathrm{T}\boldsymbol{w} - \boldsymbol{w}^\mathrm{T}\boldsymbol{w} + \sum_{i=1}^{l}\alpha_i - \frac{1}{2}\boldsymbol{w}^\mathrm{T}\boldsymbol{w} + \sum_{i=1}^{l}\alpha_i$$

$$= -\frac{1}{2}\left(\sum_{i=1}^{l}\alpha_i y_i \boldsymbol{x}_i\right)\left(\sum_{i=1}^{l}\alpha_i y_i \boldsymbol{x}_i\right) + \sum_{i=1}^{l}\alpha_i$$

接下来，调整乘子变量 α，使得目标函数取极大值：

$$\max_{\alpha} \frac{1}{2}\sum_{i=1}^{l}\sum_{j=1}^{l}\alpha_i\alpha_j y_i y_j (\boldsymbol{x}_i)^\mathrm{T}\boldsymbol{x}_j + \sum_{i=1}^{l}\alpha_i$$

这等价于最小化下面的函数：

$$\min_{\alpha} \frac{1}{2}\sum_{i=1}^{l}\sum_{j=1}^{l}\alpha_i\alpha_j y_i y_j (\boldsymbol{x}_i)^\mathrm{T}\boldsymbol{x}_j - \sum_{i=1}^{l}\alpha_i$$

约束条件为

$$\alpha_i \geq 0,\ i=1,2,\cdots,l$$

$$\sum_{i=1}^{l}\alpha_i y_i = 0$$

与原问题相比有了很大的简化。至于这个问题怎么求解，会在后面讲述。求出 α 后，可以根据它计算 $\boldsymbol{w}$：

$$w = \sum_{i=1}^{l} \alpha_i y_i x_i$$

参数 b 的计算方法会在后面说明。把 w 的值代入超平面方程，可以得到判别函数为

$$\text{sgn}\left(\left(\sum_{i=1}^{l} \alpha_i y_i x_i\right)^{\text{T}} x + b\right)$$

4.4 线性不可分

线性可分的支持向量机在实际应用中的局限性较大，因为在大多数情况下，样本数据并非线性可分。当数据集在原始空间中的向量无法被一个超平面有效区分时，可采取以下两步策略来解决这一问题：首先，利用一个非线性映射函数将原始数据集中的向量点转换到一个更高维的特征空间中；接着，在这个新构建的高维空间中寻找一个线性超平面，按照线性可分的情况进行分类处理。

4.4.1 原问题

线性不可分意味着某些样本点 (x_i, y_i) 不能满足间隔大于或等于 1 的条件，样本点落在超平面与边界之间。为解决这一问题，可以对每个样本点引入一个松弛变量 $\varepsilon_i > 0$，使得间距加上松弛变量大于或等于 1，这样约束条件变为

$$y_i(w^{\text{T}} x_i + b) \geq 1 - \varepsilon_i$$

通过引入松弛变量和设定惩罚因子，可以对那些不满足不等式约束的样本施加惩罚，从而得到如下最优化问题表述：

$$\min \frac{1}{2} w^{\text{T}} w + C \sum_{i=1}^{l} \varepsilon_i$$
$$y_i(w^{\text{T}} x_i + b) \geq 1 - \varepsilon_i$$
$$\varepsilon_i \geq 0, \quad i = 1, 2, \cdots, l$$

式中，ε_i 是松弛变量，如果它不为 0，则表示样本违反了不等式约束条件；C 为惩罚因子，是人工设定的大于 0 的参数，用来对违反不等式约束条件的样本进行惩罚。

前面已经证明了目标函数的前半部分是凸函数，后半部分是线性函数，显然也是凸函数，两个凸函数的非负线性组合还是凸函数。上面优化问题的不等式约束都是线性约束，构成的可行域显然是凸集。因此，该优化问题是凸优化问题。

上述问题满足 Slater 条件。如果令 $w=0$，$b=0$，$\varepsilon_i=2$，则

$$y_i(w^{\text{T}} x_i + b) = 0 > 1 - \varepsilon_i = 1 - 2 = -1$$

可见，不等式条件严格满足，因此强对偶条件成立，原问题和对偶问题有相同的最优解。

4.4.2 对偶问题

首先将原问题的等式和不等式约束方程写成标准形式：

$$y_i(\boldsymbol{w}^\mathrm{T}\boldsymbol{x}_i+b)\geq 1-\varepsilon_i \Rightarrow -\left(y_i(\boldsymbol{w}^\mathrm{T}\boldsymbol{x}_i+b)-1+\varepsilon_i\right)\leq 0$$

$$\varepsilon_i \geq 0 \Rightarrow -\varepsilon_i \leq 0$$

然后构造拉格朗日函数：

$$L(\boldsymbol{w},b,\alpha,\varepsilon,\beta)=\frac{1}{2}\boldsymbol{w}^\mathrm{T}\boldsymbol{w}+C\sum_{i=1}^{l}\varepsilon_i-\sum_{i=1}^{l}\alpha_i\left(y_i(\boldsymbol{w}^\mathrm{T}\boldsymbol{x}_i+b)-1+\varepsilon_i\right)-\sum_{i=1}^{l}\beta_i\varepsilon_i$$

式中，α 和 β 是拉格朗日乘子。首先固定乘子变量 α 和 β，对 $\boldsymbol{w}$、b、ε 求偏导数并令它们为 0，得到如下方程组：

$$\frac{\partial L}{\partial b}=0$$

$$\nabla_\beta L=0$$

$$\nabla_w L=0$$

解得

$$\sum_{i=1}^{l}\alpha_i y_i = 0$$

$$\alpha_i + \beta_i = 0$$

$$\boldsymbol{w}=\sum_{i=1}^{l}\alpha_i y_i \boldsymbol{x}_i$$

将上面的解代入拉格朗日函数中，得到关于 α 和 β 的函数：

$$\begin{aligned}L(\boldsymbol{w},b,\alpha,\varepsilon,\beta)&=\frac{1}{2}\boldsymbol{w}^\mathrm{T}\boldsymbol{w}+C\sum_{i=1}^{l}\varepsilon_i-\sum_{i=1}^{l}\alpha_i\left(y_i(\boldsymbol{w}^\mathrm{T}\boldsymbol{x}_i+b)-1+\varepsilon_i\right)-\sum_{i=1}^{l}\beta_i\varepsilon_i\\&=\frac{1}{2}\boldsymbol{w}^\mathrm{T}\boldsymbol{w}+C\sum_{i=1}^{l}\varepsilon_i-\sum_{i=1}^{l}\beta_i\varepsilon_i-\sum_{i=1}^{l}\alpha_i\varepsilon_i-\sum_{i=1}^{l}\alpha_i\left(y_i(\boldsymbol{w}^\mathrm{T}\boldsymbol{x}_i+b)-1\right)\\&=\frac{1}{2}\boldsymbol{w}^\mathrm{T}\boldsymbol{w}-\sum_{i=1}^{l}(C-\alpha_i-\beta_i)\varepsilon_i-\sum_{i=1}^{l}\left(\alpha_i y_i \boldsymbol{w}^\mathrm{T}\boldsymbol{x}_i+\alpha_i y_i b-\alpha_i\right)\\&=\frac{1}{2}\boldsymbol{w}^\mathrm{T}\boldsymbol{w}-\sum_{i=1}^{l}\alpha_i y_i \boldsymbol{w}^\mathrm{T}\boldsymbol{x}_i-\sum_{i=1}^{l}\alpha_i y_i b+\sum_{i=1}^{l}\alpha_i=\frac{1}{2}\boldsymbol{w}^\mathrm{T}\boldsymbol{w}-\boldsymbol{w}^\mathrm{T}\boldsymbol{w}+\sum_{i=1}^{l}\alpha_i\\&=-\frac{1}{2}\sum_{i=1}^{l}\sum_{j=1}^{l}\alpha_i\alpha_j y_i y_j (\boldsymbol{x}_i)^\mathrm{T}\boldsymbol{x}_j+\sum_{i=1}^{l}\alpha_i\end{aligned}$$

接下来，调整乘子变量 α，求解如下最大化问题：

$$\max_\alpha \frac{1}{2}\sum_{i=1}^{l}\sum_{j=1}^{l}\alpha_i\alpha_j y_i y_j (\boldsymbol{x}_i)^\mathrm{T}\boldsymbol{x}_j+\sum_{i=1}^{l}\alpha_i$$

由于 $\alpha_i+\beta_i=C$ 并且 $\beta_i \geq 0$，因此有 $\alpha_i \leq C$。这等价于求解如下最优化问题：

$$\min_\alpha \frac{1}{2}\sum_{i=1}^{l}\sum_{j=1}^{l}\alpha_i\alpha_j y_i y_j (\boldsymbol{x}_i)^\mathrm{T}\boldsymbol{x}_j-\sum_{k=1}^{l}\alpha_k$$

$$0 \leq \alpha_i \leq C$$

$$\sum_{i=1}^{l}\alpha_i y_i = 0$$

与线性可分的对偶问题相比，这里唯一的区别是多了不等式约束 $\alpha_i \leq C$，这是乘子变量的上界。

将 w 的值代入超平面方程，得到分类决策函数为

$$\text{sgn}\left(\sum_{i=1}^{l}\alpha_i y_i (x_i)^T x + b\right)$$

这与线性可分是一样的。为了简化表述，定义矩阵 Q，其元素为

$$Q_{ij} = y_i y_j (x_i)^T x_j$$

对偶问题可以写成矩阵和向量形式：

$$\min_{\alpha} \frac{1}{2} \alpha^T Q \alpha - e^T \alpha$$

$$0 \leq \alpha_i \leq C$$

$$y^T a = 0$$

式中，e 是分量全为 1 的向量；y 是样本的类别标签向量。可以证明 Q 是半正定矩阵，这个矩阵可以写成一个矩阵和其自身转置的乘积：

$$Q = X^T X$$

式中，矩阵 X 为所有样本的特征向量分别乘以该样本的标签值组成的矩阵：

$$X = [y_1 x_1, y_2 x_2, \cdots, y_l x_l]$$

对于任意非 0 向量 x，有

$$x^T Q x = x^T (X^T X) x = (X x)^T (X x) \geq 0$$

因此，矩阵 Q 为半正定矩阵，它就是目标函数的 Hessian 矩阵，目标函数是凸函数。上面问题的等式和不等式约束条件都是线性的，可行域是凸集，故对偶问题也是凸优化问题。

在最优点处必须满足 KKT（Karush-Kuhn-Tucker）条件，将其应用于原问题，对于原问题中的两组不等式约束，其必须满足：

$$\alpha_i (y_i(w^T x_i + b) - 1 + \varepsilon_i) = 0, \quad i = 1, 2, \cdots, l$$

$$\beta_i \varepsilon_i = 0, \quad i = 1, 2, \cdots, l$$

对于第一个方程，第一种情况是 $\alpha_i > 0$，故必须有

$$y_i(w^T x_i + b) - 1 + \varepsilon_i = 0$$

$$y_i(w^T x_i + b) = 1 - \varepsilon_i$$

由于 $\varepsilon_i \geq 0$，因此必定有

$$y_i(w^T x_i + b) \leq 1$$

第二种情况是 $\alpha_i = 0$，对 $y_i(w^T x_i + b) - 1 + \varepsilon_i$ 的值没有约束。由于存在 $\alpha_i + \beta_i = C$ 的约束，因此 $\beta_i = C$；又因为 $\beta_i \varepsilon_i = 0$ 的限制，所以，如果 $\beta_i > 0$，则必须有 $\varepsilon_i = 0$。由于原问题中有约束条件 $y_i(w^T x_i + b) \geq 1 - \varepsilon_i$，而 $\varepsilon_i = 0$，因此有

$$y_i(w^T x_i + b) \geq 1$$

第三种情况是 $\alpha_i > 0$，此时又可细分为 $\alpha_i < C$ 和 $\alpha_i = C$ 两种情况。如果 $\alpha_i < C$，则由于存在 $\alpha_i + \beta_i = C$ 的约束，因此有 $\beta_i > 0$；由于存在 $\beta_i \varepsilon_i = 0$ 的约束，因此 $\varepsilon_i = 0$，不等式约束 $y_i(w^T x_i + b) \geq 1 - \varepsilon_i$ 变为 $y_i(w^T x_i + b) \geq 1$。由于 $0 < \alpha_i < C$ 时既要满足 $y_i(w^T x_i + b) \leq 1$，又要满足 $y_i(w^T x_i + b) \geq 1$，因此有

$$y_i(\boldsymbol{w}^\mathrm{T}\boldsymbol{x}_i+b)=1$$

将上述三种情况合并起来，在最优点处，所有的样本都必须满足下面的条件：

$$\alpha_i=0 \Rightarrow y_i(\boldsymbol{w}^\mathrm{T}\boldsymbol{x}_i+b) \geq 1$$
$$0<\alpha_i<C \Rightarrow y_i(\boldsymbol{w}^\mathrm{T}\boldsymbol{x}_i+b)=1$$
$$\alpha_i=C \Rightarrow y_i(\boldsymbol{w}^\mathrm{T}\boldsymbol{x}_i+b) \leq 1$$

上述第一种情况对应的是自由变量，这些变量并不直接参与构建最优分类超平面，也就是非支持向量；第二种情况对应支持向量，它们是决定最优分类超平面位置的关键点；而第三种情况则是指那些违反了不等式约束的样本，它们因不满足分类条件而需要受到额外的关注和处理。在后面的求解算法中，会应用此条件来选择优化变量。

4.5 核映射与核函数

虽然引入松弛变量和惩罚因子让支持向量机具备了处理线性不可分问题的能力，但本质上它仍然是一个线性分类器，只是在一定程度上容忍了样本的错分。然而，通过本节将要介绍的核映射技术，支持向量机得以蜕变为一个真正的非线性分类器。此时，其决策边界不再局限于线性超平面，而是能够扩展为形状极为复杂的曲面，从而极大地增强了其分类能力并提升了其灵活性。

当样本在原始空间线性不可分时，我们可以采用特征向量映射的方法，将它们转换到更高维的空间中，以期在这个新空间中实现线性可分。这种在机器学习中被广泛应用的技术，我们称之为核技巧。在核映射中，将特征向量映射到更高维的空间：

$$\boldsymbol{z}=\phi(\boldsymbol{x})$$

在对偶问题中，计算的是两个样本向量之间的内积，映射后的向量在对偶问题中为

$$(\boldsymbol{z}_i)^\mathrm{T}\boldsymbol{z}_j=\phi(\boldsymbol{x}_i)^\mathrm{T}\phi(\boldsymbol{x}_j)$$

直接计算这个映射效率太低，而且不容易构造映射函数。如果映射函数选取得当，则存在函数 K，使得下面的等式成立：

$$K(\boldsymbol{x}_i,\boldsymbol{x}_j)=K((\boldsymbol{x}_i)^\mathrm{T},\boldsymbol{x}_j)=\phi(\boldsymbol{x}_i)^\mathrm{T}\phi(\boldsymbol{x}_j)$$

这样，首先对向量进行内积运算，随后通过函数 K 进行变换，这种方法与先对向量进行核映射然后计算内积是等效的。此过程极大地简化了问题的求解步骤，提高了效率。在这里我们看到了求解对偶问题的另一个好处，即对偶问题中出现的是样本特征向量之间的内积，而核函数刚好作用于这种内积，替代对特征向量的核映射。满足上面条件的函数称为核函数，常用的核函数与它们的计算公式如表 4-1 所示。

表 4-1 常用的核函数与它们的计算公式

核 函 数	计 算 公 式
线性核	$K(\boldsymbol{x}_i,\boldsymbol{x}_j)=\boldsymbol{x}_i^\mathrm{T}\boldsymbol{x}_j$
多项式核	$K(\boldsymbol{x}_i,\boldsymbol{x}_j)=(\gamma\boldsymbol{x}_i^\mathrm{T}\boldsymbol{x}_j+b)^d$
径向基函数核/高斯核	$K(\boldsymbol{x}_i,\boldsymbol{x}_j)=\exp(-\gamma\|\boldsymbol{x}_i-\boldsymbol{x}_j\|^2)$
Sigmoid 核	$K(\boldsymbol{x}_i,\boldsymbol{x}_j)=\tanh(\gamma\boldsymbol{x}_i^\mathrm{T}\boldsymbol{x}_j+b)$

核函数的巧妙之处在于，它无须显式地对特征向量进行核映射，而是直接对特征向量的内积进行变换。这种变换方式在效果上等同于先对特征向量进行核映射，再计算它们的内积。

需要注意的是，并不是任何函数都可以用来作为核函数，必须满足一定的条件，即 Mercer 条件。

Mercer 条件指出：一个对称函数 $K(x,y)$ 是核函数的条件是，对任意有限个样本的样本集，核矩阵都是半正定的。核矩阵的元素是由样本集中任意两个样本的内积构造的一个数，即

$$k_{ij} = K(x_i, x_j)$$

核是机器学习里常用的一种技巧，它还被用于支持向量机之外的其他机器学习算法，其目的就是将特征向量映射到另一个空间中，使问题能被更有效地处理。为向量加上核映射后，要求解的对偶问题变为

$$\min_{\alpha} \frac{1}{2} \sum_{i=1}^{l} \sum_{j=1}^{l} \alpha_i \alpha_j y_i y_j \phi(x_i)^{\mathrm{T}} \phi(x_j) - \sum_{i=1}^{l} \alpha_i$$

$$0 \leqslant \alpha_i \leqslant C$$

$$\sum_{i=1}^{l} \alpha_i y_i = 0$$

根据核函数必须满足的等式条件，它等价于下面的问题：

$$\min_{\alpha} \frac{1}{2} \sum_{i=1}^{l} \sum_{j=1}^{l} \alpha_i \alpha_j y_i y_j K\left((x_i)^{\mathrm{T}} x_j\right) - \sum_{i=1}^{l} \alpha_i$$

$$0 \leqslant \alpha_i \leqslant C$$

$$\sum_{j=1}^{l} \alpha_j y_j = 0$$

最后得到的判别函数为

$$\mathrm{sgn}\left(\sum_{i=1}^{l} \alpha_i y_i K(x_i, x_j) + b\right)$$

与不用核映射相比，只是求解目标函数、最后的判定函数对特征向量的内积进行核函数变换。预测的时间复杂度为 $O(nl)$，当训练样本、支持向量很多时，速度是一个问题。

虽然核函数在某种程度上解决了线性不可分问题，而且不用显式地计算核映射，但在实际应用中，如果训练样本的量很大，在训练得到的模型中支持向量的数量太多，那么在每次进行预测时，需要计算待预测样本与每个支持向量的内积，并进行核函数变换，这会非常耗时，在这种情况下，更倾向于使用线性支持向量机。

4.6 SMO 算法

前面给出了支持向量机的对偶问题，但并没有说明怎样求解此问题。由于核矩阵 Q 的规模和样本数相等，因此当训练样本很多时，这个矩阵的规模很大，求解二次规划问题的经典算法将会面临性能问题。本节介绍高效的求解算法——经典的 SMO（Sequential Minimal Optimization，顺序最小优化）算法。前面已经推导出加上松弛变量和核函数后的对偶问题：

$$\min_{\alpha} \frac{1}{2}\alpha^T Q\alpha - e^T\alpha$$
$$y^T\alpha = 0$$
$$0 \leq \alpha_i \leq C, \ i=1,2,\cdots,l$$

核矩阵 Q 为对称半正定矩阵，在后面会给出证明，其元素为
$$Q_{ij} = y_i y_j K(x_i, x_j)$$

根据核函数的定义，有
$$K(x_i, x_j) = \phi(x_i)^T \phi(x_j)$$

核矩阵半正定由核函数的性质保证，证明方法与 4.4.2 节的相同。上面目标函数的 Hessian 矩阵就是核矩阵，因此目标函数是凸函数。等式约束条件和不等式约束条件都是线性的，构成的可行域是凸集。因此，上面的最优化问题是凸问题。为了表述方便，定义下面的核矩阵：
$$K_{ij} = K(x_i, x_j)$$

它与核矩阵 Q 的关系为
$$Q_{ij} = y_i y_j K_{ij}$$

定义变量：
$$u_i = \sum_{j=1}^{l} y_j \alpha_j K(x_j, x_i) + b$$

之前推导过，问题的 KKT 条件为
$$\alpha_i = 0 \Rightarrow y_i u_i > 1$$
$$0 < \alpha_i < C \Rightarrow y_i u_i = 1$$
$$\alpha_i = C \Rightarrow y_i u_i < 1$$

因为目标函数是凸函数，所以，如果有至少一个 α 满足约束条件且目标函数在可行域有下界，则该问题有全局最小值。

4.6.1 求解子问题

SMO 算法由 Platt 等人提出，是求解支持向量机对偶问题的高效算法。该算法的核心策略是，在每次迭代时，从优化变量中选取两个分量进行专门优化，同时保持其他分量不变，以此确保满足等式约束条件。这种策略体现了分治法的思想精髓。

下面先给出这两个变量的优化问题（子问题）的求解方法。假设选取的两个分量为 α_i 和 α_j，其他分量都固定（当作常数）。由于 $y_i y_i = 1$，$y_j y_j = 1$，因此这两个变量的目标函数可以写成：
$$f(\alpha_i, \alpha_j) = \frac{1}{2}K_{ii}(\alpha_i)^2 + \frac{1}{2}K_{jj}(\alpha_j)^2 + sK_{ij}\alpha_i\alpha_j + y_i v_i \alpha_i + y_j v_j \alpha_j - \alpha_i - \alpha_j + c$$

式中，c 是一个常数。前面的二次项很容易计算出来，一次项要复杂一些，其中：
$$s = y_i y_j$$
$$v_i = \sum_{k=1, k\neq i, k\neq j}^{l} y_k (a_k)^* K_{ik}$$

这里的 a^* 为 a 在上一轮迭代后的值。上面的目标函数是一个二元二次函数，可以直接给出

最小值的解析解（公式解）。这个问题的约束条件为
$$0 \leq \alpha_i \leq C$$
$$0 \leq \alpha_j \leq C$$
$$y_i \alpha_i + y_j \alpha_j = -\sum_{k=1, k \neq i, k \neq j}^{l} y_k \alpha_k = \xi$$

前面两个不等式约束构成一个矩形，最后的等式约束是一条直线。y_i 和 y_j 的取值只能为+1 或 –1，先来看第一种情况，如果它们异号，等式约束条件为 $\alpha_i - \alpha_j = \xi$，则它确定的可行域是一条斜率为 1 的直线段（因为 α_i 和 α_j 要满足约束条件 $0 \leq \alpha_i \leq C$ 和 $0 \leq \alpha_j \leq C$），如图 4-4 所示。

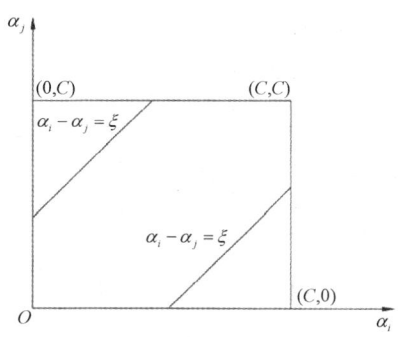

图 4-4 可行域示意图（1）

图 4-4 中的两条直线分别对应 ξ 取正、负值的情况。如果是上面那条直线，则 α_j 的取值范围为 $[-\xi, C]$；如果是下面那条直线，则 α_j 的取值范围为 $[0, C-\xi]$。对于这两种情况，α_j 的下界和上界可以统一写成如下形式：
$$L = \max(0, \alpha_j - \alpha_i)$$
$$H = \min(C, C + \alpha_j - \alpha_i)$$

下界是直线和 x 轴交点的 x 坐标及 0 的较大值；上界是直线和直线 $x=C$ 交点的 x 坐标和 C 的较小值。

再来看第二种情况，如果 y_i 和 y_j 同号，等式约束条件为 $\alpha_i + \alpha_j = \xi$，如图 4-5 所示，则此时的下界和上界分别为
$$L = \max(0, \alpha_j + \alpha_i - C)$$
$$H = \min(C, \alpha_j + \alpha_i)$$

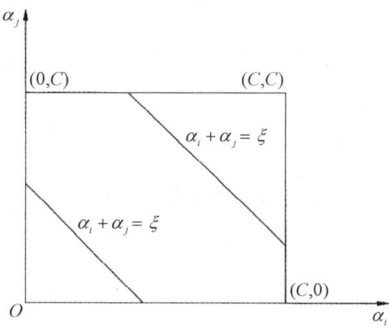

图 4-5 可行域示意图（2）

利用这两个变量的等式约束条件可以消掉 α_i，只剩下一个变量 α_j 的目标函数是 α_j 的二次函数。第三种情况是可以直接求得这个二次函数的极值，假设不考虑约束条件得到的极值点，则最终的极值点为

$$\alpha_j^{\text{new}} = \begin{cases} H, & \alpha_j^{\text{new,unclipped}} > H \\ \alpha_j^{\text{new,unclipped}}, & L \leqslant \alpha_j^{\text{new,unclipped}} \leqslant H \\ L, & \alpha_j^{\text{new,unclipped}} < L \end{cases}$$

各约束下的极小值如图 4-6 所示。

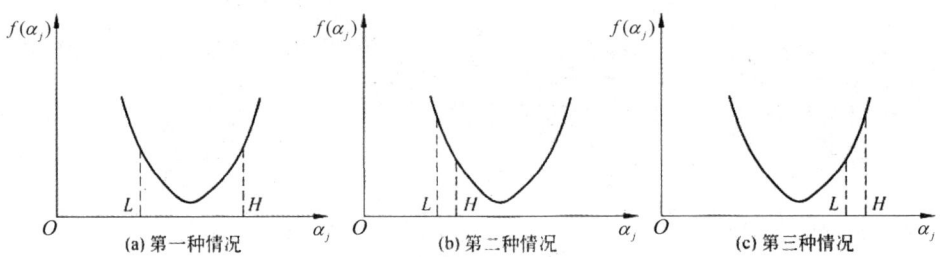

图 4-6　各约束下的极小值

第一种情况是抛物线的极小值点在 $[L,H]$ 中；第二种情况是抛物线的极小值点大于 H，被截断为 H；第三种情况是抛物线的极小值点小于 L，被截断为 L。

下面来计算不考虑截断时的函数极值。为了避免分 -1 和 +1 两种情况，将等式约束条件两边同乘以 y_i，有

$$\alpha_i + y_i y_j \alpha_j = y_i \xi$$

变形后得

$$\alpha_i = y_i \xi - y_i y_j \alpha_j$$

为了表述简洁，令 $\omega = y_i \xi$，将上面方程代入目标函数中消掉 α_i，等式右边变为

$$\frac{1}{2} K_{ii} (\omega - s\alpha_j)^2 + \frac{1}{2} K_{jj} (\alpha_j)^2 + s K_{ij} (\omega - s\alpha_j)\alpha_j + y_i v_i (\omega - s\alpha_j) + y_j v_j \alpha_j - (\omega - s\alpha_j) - \alpha_j + c$$

对 α_j 求导并令导数为 0，得

$$K_{ii}(\omega - s\alpha_j)(-s) - K_{jj}\alpha_j + s K_{ij}(\omega - 2s\alpha_j) - s y_i v_i + s - 1 = 0$$

而 $s y_i v_i = y_i y_j y_i v_i = y_j v_i$，化简得

$$(K_{ii} + K_{jj} - 2K_{ij})\alpha_j - s\omega K_{ii} - s\omega K_{ij} - y_j v_i + y_j v_j + s - 1 = 0$$

即

$$(K_{ii} + K_{jj} - 2K_{ij})\alpha_j = s\omega(K_{ii} + K_{ij}) + y_j v_i - y_j v_j + 1 - s$$

将 ω 和 v_i 代入，由于 $y_j y_j = 1$，化简得

$$(K_{ii} + K_{jj} - 2K_{ij})\alpha_j = (\alpha_j)^*(K_{ii} + K_{jj} - 2K_{ij}) + y_j(u_i - u_j + y_j - y_i)$$

令

$$\eta = K_{ii} + K_{jj} - 2K_{ij}$$

上式两边同时除以 η，得

$$\alpha_j^{\text{new}} = \alpha_j + \frac{y_j(E_i - E_j)}{\eta}$$

式中，$E_i = u_i - y_i$。结合前面的约束，得

$$\alpha_j^{\text{new,clipped}} = \begin{cases} H, & \alpha_j^{\text{new}} > H \\ \alpha_j^{\text{new}}, & L \leq \alpha_j^{\text{new}} \leq H \\ L, & \alpha_j^{\text{new}} < L \end{cases}$$

在求得 α_j 之后，根据等式约束条件就可以求得 α_i：

$$\alpha_i^{\text{new}} = \alpha_i + s\left(\alpha_j - \alpha_j^{\text{new,clipped}}\right)$$

目标函数的二阶导数为 η，前面假设二阶导数 $\eta > 0$，从而保证目标函数是凸函数，即开口向上的抛物线，有极小值。如果 $\eta < 0$，或者 $\eta = 0$，则该怎么处理呢？对于线性核或正定核函数，由于矩阵 K 的任意一个上述子问题对应的二阶子矩阵都是半正定的，因此必定有 $\eta \geq 0$。下面证明这个关于两个变量的子问题的目标函数是凸函数，只需要证明它的 Hessian 矩阵是半正定矩阵。这两个变量的目标函数的 Hessian 矩阵为

$$\begin{bmatrix} Q_{ii} & Q_{ij} \\ Q_{ji} & Q_{jj} \end{bmatrix}$$

与 4.3.2 节证明整个对偶问题的 Hessian 矩阵是正定矩阵的方法相同，如果是线性核，则这个矩阵也可以写成一个矩阵和它的转置的乘积形式：

$$\begin{bmatrix} y_i & (\boldsymbol{x}_i)^{\text{T}} \\ y_j & (\boldsymbol{x}_j)^{\text{T}} \end{bmatrix} \begin{bmatrix} y_i \boldsymbol{x}_i, y_j \boldsymbol{x}_j \end{bmatrix} = \boldsymbol{A}^{\text{T}} \boldsymbol{A}$$

矩阵 $\boldsymbol{A}$ 为训练样本特征向量乘上类别标签形成的矩阵。显然这个 Hessian 矩阵是半正定的，因此必定有 $\eta \geq 0$，如果是非线性核，则因为核函数相当于对两个核映射之后的向量做内积，所以上面的结论同样成立。

无论本次迭代时 α_i 和 α_j 的初始值是多少，通过上面的子问题求解算法得到的都是在可行域里的极小值，因此，每次求解更新这两个变量的值之后，都能保证目标函数的值小于或等于初始值，即函数值减小，所以 SMO 算法能保证收敛。

4.6.2 优化变量的选择

上面已经解决了两个变量的求解问题，接下来说明怎么选择这两个变量，在这里使用了启发式规则。选择第一个变量的方法是，在训练样本集中识别出违反 KKT 条件最为显著的那个样本。

首先遍历所有满足约束条件 $0 < \alpha_i < C$ 的样本点，检查它们是否满足 KKT 条件。如果都满足 KKT 条件，则遍历整个训练样本集，判断它们是否满足 KKT 条件，直到找到一个违反 KKT 条件的变量 α_i 为止。找到这个变量之后，接下来寻找 α_j，选择的标准是使 α_j 有足够大的变化。根据前面的推导，α^{new} 依赖 $|E_i - E_j|$。因此，选择使 $|E_i - E_j|$ 最大的 α_j。由于 α_i 已经确定，因此 E_i 已知。如果 $E_i > 0$，则选择最小的 E_j；否则，选择最大的 E_j。

现在总结支持向量机优化问题和求解方法的整个推导思路，可以分为以下几个关键步骤。

如图 4-7 所示。

首先，用松弛变量将线性可分的支持向量机扩展为线性不可分的支持向量机；然后，用拉格朗日对偶将原问题转换为对偶问题；接下来，通过加入核函数将模型转换为非线性模型；最后，用 SMO 算法求解对偶问题，这里包含关键的两部分：工作集的选择依据 KKT 条件，以及子问题的求解直接采用公式计算二次函数的最优解。理解支持向量机的关键是理解拉格朗日对偶和 KKT 条件。

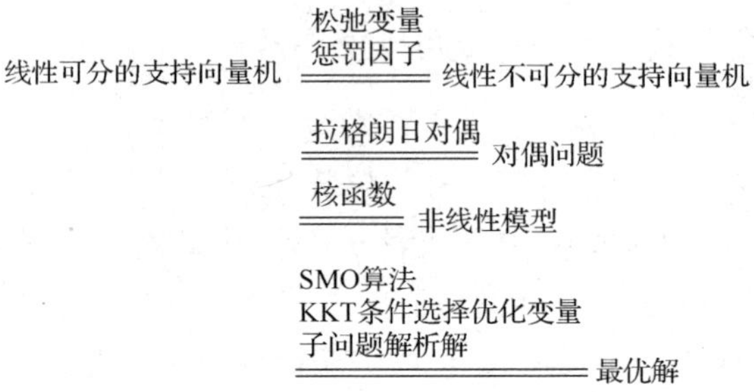

$$\text{线性可分的支持向量机} \xrightarrow{\text{松弛变量}\atop\text{惩罚因子}} \text{线性不可分的支持向量机}$$

$$\xrightarrow{\text{拉格朗日对偶}} \text{对偶问题}$$

$$\xrightarrow{\text{核函数}} \text{非线性模型}$$

$$\xrightarrow[\text{子问题解析解}]{\text{SMO算法}\atop\text{KKT条件选择优化变量}} \text{最优解}$$

图 4-7 支持向量机优化问题和求解方法的推导步骤

4.7 多分类问题

支持向量机本质上是一种典型的二分类模型，即它只能判断样本属于正类还是负类。然而，在实际应用中，通常需要解决的是多分类问题，如文本分类、数字识别等场景，这些问题涉及多个类别的判断。如何由两类分类器得到多类分类器？可以用这种二分类器的组合来解决，有以下两种方案。

（1）一对剩余方案。对于有 k 个类的分类问题，训练 k 个二分类器。在训练过程中，针对第 i 个二分类器，其正样本集由第 i 类样本构成，而负样本集则包含了除第 i 类外的所有其他样本。这个二分类器的主要功能是对输入样本进行判定，确定其是否归属于第 i 类。在分类时，对于待预测样本，用每个二分类器计算输出值，取输出值最大的那个作为预测结果。

（2）一对一方案。如果有 k 个类，则训练 C_k^2 个二分类器，即这些类两两组合。在训练阶段，将第 i 类样本视为正样本，而将其余各类样本依次轮流作为负样本进行训练。这样的组合方式总共有 $k(k-1)/2$ 种，其中 k 代表总的类别数。每个二分类器的作用是判断样本属于第 i 类还是第 j 类。对样本进行分类时采用投票的方法，依次用每个二分类器进行预测，如果判定为第 m 类，则第 m 类的投票数加 1，得票最多的那个类作为最终的判定结果。

下面用一个简单的例子进行说明。我们要对 3 个类进行分类，如果采用一对剩余方案，则需要训练 3 个二分类器：

$$\text{SVM}_1 : 1 \sim 2,3$$
$$\text{SVM}_2 : 2 \sim 1,3$$
$$\text{SVM}_3 : 3 \sim 1,2$$

在训练过程中，第一个二分类器将第一类样本作为正样本，将剩余的两类样本都视为负样本；第二个二分类器以第二类样本作为正样本，将剩余的两类样本都视为负样本；第三个二分类器将第三类样本作为正样本,将剩余的两类样本都视为负样本。在预测时,输入样本特征向量,计算每个模型的预测函数值,将样本判别为预测值最大的那个类。

如果采用一对一方案,则需要训练 3 个二分类器:

$$SVM_{1-2}:1\sim2$$
$$SVM_{1-3}:1\sim3$$
$$SVM_{2-3}:2\sim3$$

在训练第一个二分类器时,设定第一类样本为正样本,第二类样本为负样本;对于后续的二分类器,也遵循类似的设定,即每次选择一个类别作为正样本,另一个类别(或剩余类别中的一个,具体取决于多类分类策略)作为负样本进行训练。到了预测阶段,首先会使用这三个已经训练好的模型对输入样本特征向量进行预测;然后统计投票,对于模型 SVM_{i-j},如果预测值为+1,则第 i 类的投票数加 1,否则第 j 类的投票数加 1;最后将样本判定为得票最多的那个类。

4.8 SVM 算法案例

4.8.1 基于无核函数的小规模数据分类

数据获取:对数据进行采集,并存放至.txt 的文本文档中,图 4-8 所示为数据截图示例。

```
3.542485  1.977398  -1
3.018896  2.556416  -1
7.551510 -1.580030         1
2.114999 -0.004466        -1
8.127113  1.274372   1
7.108772 -0.986906         1
8.610639  2.046708   1
2.326297  0.265213  -1
3.634009  1.730537  -1
0.341367 -0.894998        -1
3.125951  0.293251  -1
2.123252 -0.783563        -1
0.887835 -2.797792        -1
7.139979 -2.329896         1
1.696414 -1.212496        -1
8.117032  0.623493   1
8.497162 -0.266649         1
4.658191  3.507396  -1
8.197181  1.545132   1
```

图 4-8 数据截图示例

数据准备:对数据进行逐行解析,以获取第 n 行的类别标签及其特征矩阵。

```
#!/usr/bin/python
# -*- coding:utf-8 -*-
from numpy import *
import matplotlib.pyplot as plt
class optStruct:
```

```python
    def __init__(self, dataMatIn, classLabels, C, toler):  # Initialize the structure with the parameters
        self.X = dataMatIn
        self.labelMat = classLabels
        self.C = C
        self.tol = toler
        self.m = shape(dataMatIn)[0]
        self.alphas = mat(zeros((self.m, 1)))
        self.b = 0
        self.eCache = mat(zeros((self.m, 2)))  # first column is valid flag


def loadDataSet(fileName):
    """loadDataSet（对数据进行逐行解析，从而得到每行数据的类别标签和整个数据矩阵）
    Args:
        fileName 文件名
    Returns:
        dataMat  数据矩阵
        labelMat 类别标签
    """
    dataMat = []
    labelMat = []
    fr = open(fileName)
    for line in fr.readlines():
        lineArr = line.strip().split('\t')
        dataMat.append([float(lineArr[0]), float(lineArr[1])])
        labelMat.append(float(lineArr[2]))
    return dataMat, labelMat


def selectJrand(i, m):
    """
    随机选择一个整数
    Args:
        i  第一个alpha的下标
        m  所有alpha的数目
    Returns:
        j  返回一个不为i的随机数，是在0~m之间的整数值
    """
    j = i
    while j == i:
        j = random.randint(0, m - 1)
    return j


def clipAlpha(aj, H, L):
```

```
    """clipAlpha(调整 aj 的值，使 aj 满足 L<=aj<=H)
    Args:
        aj    目标值
        H     最大值
        L     最小值
    Returns:
        aj    目标值
    """
    aj = min(aj, H)
    aj = max(L, aj)
    return aj

def calcEk(oS, k):
    """calcEk（求 Ek 误差：预测值-真实值的差）

    该过程在完整版的 SMO 算法中出现次数较多，因此将其单独作为一个方法
    Args:
        oS   optStruct 对象
        k    具体的某一行


    Returns:
        Ek   预测结果与真实结果比对，计算误差 Ek
    """
    fXk = multiply(oS.alphas, oS.labelMat).T * (oS.X * oS.X[k].T) + oS.b
    Ek = fXk - float(oS.labelMat[k])
    return Ek

def selectJ(i, oS, Ei):  # this is the second choice -heurstic, and calcs Ej
    """selectJ（返回最优的 j 和 Ej）

    内循环的启发式方法
    选择第二个（内循环）alpha 的值
    这里的目标是选择合适的第二个 alpha 值以保证每次优化中采用最大步长
    该函数的误差与第一个 alpha 值 Ei 和下标 i 有关
    Args:
        i    具体的第 i 行
        oS   optStruct 对象
        Ei   预测结果与真实结果对比，计算误差 Ei


    Returns:
        j    随机选出的第 j 行
        Ej   预测结果与真实结果对比，计算误差 Ej
    """
    maxK = -1
```

```python
        maxDeltaE = 0
        Ej = 0
        # 首先将输入值 Ei 在缓存中设置成有效的，这里的有效意味着它已经被计算好了
        oS.eCache[i] = [1, Ei]

        # print('oS.eCache[%s]=%s' % (i, oS.eCache[i]))
        # print('oS.eCache[:, 0].A=%s' % oS.eCache[:, 0].A.T)
        # print('nonzero(oS.eCache[:, 0].A)=', nonzero(oS.eCache[:, 0].A))
        # # 取行的 list
        # print('nonzero(oS.eCache[:, 0].A)[0]=', nonzero(oS.eCache[:, 0].A)[0])
        # 非零 E 值的行的 list 列表对应的 alpha 值
        validEcacheList = nonzero(oS.eCache[:, 0].A)[0]
        if (len(validEcacheList)) > 1:
            for k in validEcacheList:   # 在所有的值上进行循环，并选择其中使得改变最大的那个值
                if k == i:
                    continue  # don't calc for i, waste of time

                # 求误差 Ek：预测值-真实值的差
                Ek = calcEk(oS, k)
                deltaE = abs(Ei - Ek)
                if deltaE > maxDeltaE:
                    maxK = k
                    maxDeltaE = deltaE
                    Ej = Ek
            return maxK, Ej
        else:   # 如果是第一次循环，则随机选择一个 alpha 值
            j = selectJrand(i, oS.m)

            # 求误差 Ek：预测值-真实值的差
            Ej = calcEk(oS, j)
        return j, Ej

def updateEk(oS, k):  # after any alpha has changed update the new value in the cache
    """updateEk（计算误差值并存入缓存中）

    在对 alpha 值进行优化之后会用到这个值
    Args:
        oS  optStruct 对象
        k   某一列的行号
    """

    # 求误差 Ek：预测值-真实值的差
    Ek = calcEk(oS, k)
```

```python
        oS.eCache[k] = [1, Ek]

def innerL(i, oS):
    """innerL
    内循环代码
    Args:
        i   具体的某一行
        oS  optStruct 对象

    Returns:
        0   找不到最优值
        1   找到了最优值，并且 oS.Cache 到缓存中
    """

    # 求误差 Ek：预测值-真实值的差
    Ei = calcEk(oS, i)

    # 约束条件（KKT 条件是解决最优化问题时用到的一种方法。这里提到的最优化问题通常是指对于
    给定的某一函数，求其在指定作用域上的全局最小值）
    # 0<=alphas[i]<=C，但由于 0 和 C 是边界值，我们无法进行优化，因此需要增加一个 alphas
    和降低一个 alphas
    # 表示发生错误的概率：labelMat[i]*Ei 如果超出了 toler，则需要优化。至于正负号，考虑
    绝对值就对了
    '''
    # 检验训练样本(xi, yi)是否满足 KKT 条件
    yi*f(i) >= 1 and alpha = 0 (outside the boundary)
    yi*f(i) == 1 and 0<alpha< C (on the boundary)
    yi*f(i) <= 1 and alpha = C (between the boundary)
    '''
    if ((oS.labelMat[i] * Ei < -oS.tol) and (oS.alphas[i] < oS.C)) or ((oS.labelMat[i] * Ei > oS.tol) and (oS.alphas[i] > 0)):
        # 选择最大的误差对应的 j 进行优化，效果更明显
        j, Ej = selectJ(i, oS, Ei)
        alphaIold = oS.alphas[i].copy()
        alphaJold = oS.alphas[j].copy()

        # L 和 H 用于将 alphas[j]调整到 0~C 之间。如果 L=H，就不进行任何改变，直接返回 0
        if oS.labelMat[i] != oS.labelMat[j]:
            L = max(0, oS.alphas[j] - oS.alphas[i])
            H = min(oS.C, oS.C + oS.alphas[j] - oS.alphas[i])
        else:
            L = max(0, oS.alphas[j] + oS.alphas[i] - oS.C)
            H = min(oS.C, oS.alphas[j] + oS.alphas[i])
        if L == H:
            print("L==H")
            return 0
```

```python
            # eta 是 alphas[j]的最优修改量，如果 eta=0，则需要退出 for 循环的当前迭代过程
            # 参考《统计学习方法》李航-P125~P128<序列最小最优化算法>
            eta = oS.X[i] - oS.X[j]
            eta = - eta * eta.T
            if eta >= 0:
                print("eta>=0")
                return 0

            # 计算出一个新的 alphas[j]值
            oS.alphas[j] -= oS.labelMat[j] * (Ei - Ej) / eta
            # 使用辅助函数，以及 L 和 H 对其进行调整
            oS.alphas[j] = clipAlpha(oS.alphas[j], H, L)
            # 更新误差缓存
            updateEk(oS, j)

            # 检查 alpha[j]是否只是轻微改变，如果是，就退出 for 循环
            if (abs(oS.alphas[j] - alphaJold) < 0.00001):
                print("j not moving enough")
                return 0

            # 对 alphas[i]和 alphas[j]同样进行改变，虽然改变的大小一样，但是改变的方向正好相反
            oS.alphas[i] += oS.labelMat[j] * oS.labelMat[i] * (alphaJold - oS.alphas[j])
            # 更新误差缓存
            updateEk(oS, i)

            # 在对 alphas[i]和 alphas[j] 进行优化之后，给这两个 alphas 值设置一个常数 b
            # w= Σ[1~n] ai*yi*xi => b = yj Σ[1~n] ai*yi(xi*xj)
            # b1 - b = (y1-y) - Σ[1~n] yi*(a1-a)*(xi*x1)
            # 因为是减去Σ[1~n]，正好有两个变量 i 和 j，所以要减两遍
            b1 = oS.b - Ei - oS.labelMat[i] * (oS.alphas[i] - alphaIold) * oS.X[i] * oS.X[i].T - oS.labelMat[j] * (oS.alphas[j] - alphaJold) * oS.X[i] * oS.X[j].T
            b2 = oS.b - Ej - oS.labelMat[i] * (oS.alphas[i] - alphaIold) * oS.X[i] * oS.X[j].T - oS.labelMat[j] * (oS.alphas[j] - alphaJold) * oS.X[j] * oS.X[j].T
            if (0 < oS.alphas[i]) and (oS.C > oS.alphas[i]):
                oS.b = b1
            elif (0 < oS.alphas[j]) and (oS.C > oS.alphas[j]):
                oS.b = b2
            else:
                oS.b = (b1 + b2) / 2
            return 1
        else:
            return 0
```

```python
def smoP(dataMatIn, classLabels, C, toler, maxIter):
    """
    完整 SMO 算法外循环，与 smoSimple 有些类似，但这里的循环退出条件更多一些
    Args:
        dataMatIn      数据集
        classLabels    类别标签
        C              松弛变量(常量值)，允许有些数据点可以处于分隔面错误的一侧
                       控制最大化间隔和保证大部分的函数间隔小于 1.0，即这两个目标的权重
                       可以通过调节该参数得到不同的结果
        toler          容错率
        maxIter        退出前最大的循环次数
    Returns:
        b              模型的常量值
        alphas         拉格朗日乘子
    """

    # 创建一个 optStruct 对象
    oS = optStruct(mat(dataMatIn), mat(classLabels).transpose(), C, toler)
    iter = 0
    entireSet = True
    alphaPairsChanged = 0

    # 循环遍历：循环 maxIter 次（alphaPairsChanged 存在或将所有行遍历一遍）
    # 循环迭代结束或循环遍历所有 alpha 后，alphaPairs 还是没变化
    while (iter < maxIter) and ((alphaPairsChanged > 0) or (entireSet)):
        alphaPairsChanged = 0
        # 当 entireSet=true 或非边界 alpha 对没有了，就开始寻找 alpha 对，并决定是否进行 else
        if entireSet:
            # 在数据集上遍历所有可能的 alpha
            for i in range(oS.m):
                # 是否存在 alpha 对，存在就+1
                alphaPairsChanged += innerL(i, oS)
                print("fullSet, iter: %d i:%d, pairs changed %d" % (iter, i, alphaPairsChanged))
            iter += 1
        # 对已存在 alpha 对的，选出非边界的 alpha 值，进行优化
        else:
            # 遍历所有的非边界 alpha 值，即不在边界 0 或 C 上的值
            nonBoundIs = nonzero((oS.alphas.A > 0) * (oS.alphas.A < C))[0]
            for i in nonBoundIs:
                alphaPairsChanged += innerL(i, oS)
                print("non-bound, iter: %d i:%d, pairs changed %d" % (iter, i, alphaPairsChanged))
            iter += 1
        if entireSet:
```

```python
                entireSet = False  # toggle entire set loop
        elif alphaPairsChanged == 0:
            entireSet = True
        print("iteration number: %d" % iter)
    return oS.b, oS.alphas

def calcWs(alphas, dataArr, classLabels):
    """
    基于 alpha 计算 w 值
    Args:
        alphas          拉格朗日乘子
        dataArr         feature 数据集
        classLabels     目标变量数据集
    Returns:
        wc   回归系数
    """
    X = mat(dataArr)
    labelMat = mat(classLabels).T
    m, n = shape(X)
    w = zeros((n, 1))
    for i in range(m):
        w += multiply(alphas[i] * labelMat[i], X[i].T)
    return w
def plotfig_SVM(xArr, yArr, ws, b, alphas):
    xMat = mat(xArr)
    yMat = mat(yArr)
    # b 原来是矩阵，转换为数组类型后，其数组大小为(1,1)，所以后面加[0]，变为(1,)
    b = array(b)[0]
    fig = plt.figure()
    ax = fig.add_subplot(111)
    # 注意 flatten 的用法
    ax.scatter(xMat[:, 0].flatten().A[0], xMat[:, 1].flatten().A[0])
    # x 的最大值，最小值根据原数据集 dataArr[:, 0]的大小而定
    x = arange(-1.0, 10.0, 0.1)
    # 根据 x.w + b = 0，其式子展开为 w0.x1 + w1.x2 + b = 0，x2 就是 y 值
    y = (- b - ws[0, 0] * x) / ws[1, 0]
    ax.plot(x, y)
    for i in range(shape(yMat[0])[1]):
        if yMat[0, i] > 0:
            ax.plot(xMat[i, 0], xMat[i, 1], 'cx')
        else:
            ax.plot(xMat[i, 0], xMat[i, 1], 'kp')
    # 找到支持向量，并在图中标红
    for i in range(100):
        if alphas[i] > 0.0:
            ax.plot(xMat[i, 0], xMat[i, 1], 'ro')
```

```
        plt.show()
if __name__ == "__main__":
    # 获取特征和目标变量
    dataArr, labelArr = loadDataSet('./testSet.txt')
    # print(labelArr)
    # b 是常量，alphas 是拉格朗日乘子
    b, alphas = smoP(dataArr, labelArr, 0.6, 0.001, 40)
    print('/n/n/n')
    print('b=', b)
    print('alphas[alphas>0]=', alphas[alphas > 0])
    print('shape(alphas[alphas > 0])=', shape(alphas[alphas > 0]))
    for i in range(100):
        if alphas[i] > 0:
            print(dataArr[i], labelArr[i])
    # 画图
    ws = calcWs(alphas, dataArr, labelArr)
    plotfig_SVM(dataArr, labelArr, ws, b, alphas)
```

运行结果图如图 4-9 所示。

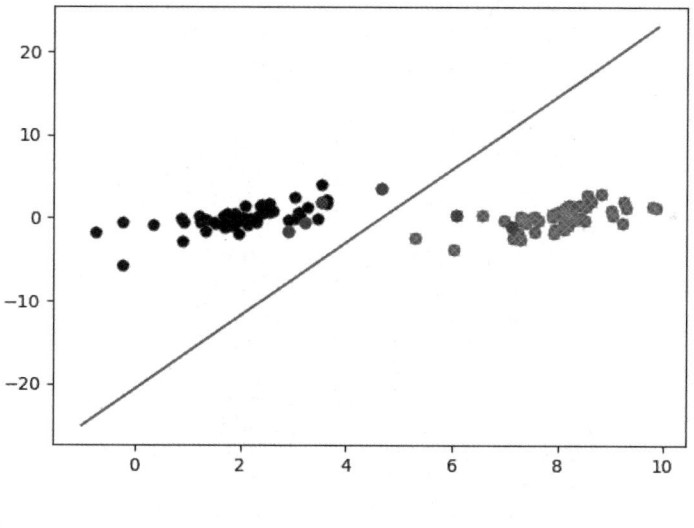

图 4-9 运行结果图

4.8.2 基于核函数的手写数字识别

对于非线性可分的情况，需要使用核函数将数据转换为分类器易于理解的形式。

使用核函数，可以将数据从某个特征空间映射到另一个特征空间。通俗来说，就是通过一个接口，将难以处理的复杂数据转换为易处理的简单数据。通过这样的处理，就能将非线性的低维数据变成线性的高维数据，从而实现线性可分。

下面通过核函数来实现手写数字的识别。

通过 .txt 文档来提供数据样本，如图 4-10 所示。

图 4-10 通过 .txt 文档来提供数据样本

每个文档中都有一个将手写数字转换为矩阵形式的数字,如图 4-11 所示。

```
00000000000000000111100000000000
00000000000000001111111100000000
00000000000000011111111110000000
00000000000000011111111111000000
00000000000000011111111111000000
00000000000000011111111110000000
00000000000000011111111110000000
00000000000000111111111110000000
00000000000001111111111110000000
00000000000001111111111110000000
00000000000001111111111100000000
00000000000001111111111100000000
00000000000011111111111100000000
00000000001111111111111100000000
00000000111111111111111100000000
00000001111111111111111100000000
00000011111111111111111100000000
00000111111111111111111000000000
00000011111111111111111000000000
00000011111110111111110000000000
00000000111100011111110000000000
00000000000000001111110000000000
00000000000000001111100000000000
00000000000000011111100000000000
00000000000000011111110000000000
00000000000000011111110000000000
00000000000000011111110000000000
00000000000000011111110000000000
00000000000000011111110000000000
00000000000000001111110000000000
00000000000000001111100000000000
```

图 4-11 单个手写数字展示图

将二值图像构造成向量形式,所给的二值图是 32×32 的矩阵,需要将其转换成 1×1024 的矩阵。

```python
def img2vector(filename):
    returnVect = zeros((1, 1024))
    fr = open(filename)
    for i in range(32):
        lineStr = fr.readline()
        for j in range(32):
            returnVect[0, 32 * i + j] = int(lineStr[j])
    return returnVect

def loadImages(dirName):
    from os import listdir
    hwLabels = []
    print(dirName)
    trainingFileList = listdir(dirName)  # load the training set
    m = len(trainingFileList)
    trainingMat = zeros((m, 1024))
    for i in range(m):
        fileNameStr = trainingFileList[i]
        fileStr = fileNameStr.split('.')[0]  # take off .txt
        classNumStr = int(fileStr.split('_')[0])
        if classNumStr == 9:
            hwLabels.append(-1)
        else:
            hwLabels.append(1)
        trainingMat[i, :] = img2vector('%s/%s' % (dirName, fileNameStr))
    return trainingMat, hwLabels
```

采用两种不同的核函数，并对径向基核函数采用不同的设置来运行 SMO 算法。

```python
def kernelTrans(X, A, kTup):
    """
    核转换函数
    Args:
        X       dataMatIn 数据集
        A       dataMatIn 数据集的第 i 行数据
        kTup    核函数的信息

    Returns:

    """
    m, n = shape(X)
    K = mat(zeros((m, 1)))
    if kTup[0] == 'lin':
        # linear kernel:   m*n * n*1 = m*1
        K = X * A.T
    elif kTup[0] == 'rbf':
        for j in range(m):
```

```
                deltaRow = X[j, :] - A
                K[j] = deltaRow * deltaRow.T
        # 径向基函数的高斯版本
        K = exp(K / (-1 * kTup[1] ** 2))  # divide in NumPy is element-wise not matrix like Matlab
    else:
        raise NameError('Houston We Have a Problem -- That Kernel is not recognized')
    return K


def smoP(dataMatIn, classLabels, C, toler, maxIter, kTup=('lin', 0)):
    """
    完整 SMO 算法外循环,与 smoSimple 有些类似,但这里的循环退出条件更多一些
    Args:
        dataMatIn     数据集
        classLabels   类别标签
        C    松弛变量(常量值),允许有些数据点可以处于分隔面错误的一侧
             控制最大化间隔和保证大部分的函数间隔小于 1.0
             可以通过调节该参数得到不同的结果
        toler    容错率
        maxIter  退出前最大的循环次数
        kTup     包含核函数信息的元组
    Returns:
        b        模型的常量值
        alphas   拉格朗日乘子
    """

    # 创建一个 optStruct 对象
    oS = optStruct(mat(dataMatIn), mat(classLabels).transpose(), C, toler, kTup)
    iter = 0
    entireSet = True
    alphaPairsChanged = 0

    # 循环遍历:循环 maxIter 次(alphaPairsChanged 存在或将所有行遍历一遍)
    while (iter < maxIter) and ((alphaPairsChanged > 0) or (entireSet)):
        alphaPairsChanged = 0
        #当 entireSet=true 或非边界 alpha 对没有时,就开始寻找 alpha 对,并决定是否进行 else
        if entireSet:
            # 在数据集上遍历所有可能的 alpha
            for i in range(oS.m):
                # 是否存在 alpha 对,存在就+1
                alphaPairsChanged += innerL(i, oS)
                # print("fullSet, iter: %d i:%d, pairs changed %d" % (iter, i, alphaPairsChanged))
```

```python
            iter += 1

        # 对已存在的 alpha 对，选出非边界的 alpha 值，进行优化
        else:
            # 遍历所有的非边界 alpha 值，即不在边界 0 或 C 上的值
            nonBoundIs = nonzero((oS.alphas.A > 0) * (oS.alphas.A < C))[0]
            for i in nonBoundIs:
                alphaPairsChanged += innerL(i, oS)
                # print("non-bound, iter: %d i:%d, pairs changed %d" % (iter, i, alphaPairsChanged))
            iter += 1
        if entireSet:
            entireSet = False  # toggle entire set loop
        elif alphaPairsChanged == 0:
            entireSet = True
        print("iteration number: %d" % iter)
    return oS.b, oS.alphas
```

调用函数来测试不同的核函数并计算错误率。

```python
def testDigits(kTup=('rbf', 10)):

    # 1. 导入训练数据
    dataArr, labelArr = loadImages('./trainingDigits')
    b, alphas = smoP(dataArr, labelArr, 200, 0.0001, 10000, kTup)
    datMat = mat(dataArr)
    labelMat = mat(labelArr).transpose()
    svInd = nonzero(alphas.A > 0)[0]
    sVs = datMat[svInd]
    labelSV = labelMat[svInd]
    # print("there are %d Support Vectors" % shape(sVs)[0])
    m, n = shape(datMat)
    errorCount = 0
    for i in range(m):
        kernelEval = kernelTrans(sVs, datMat[i, :], kTup)
    # 1*m * m*1 = 1*1 单个预测结果
        predict = kernelEval.T * multiply(labelSV, alphas[svInd]) + b
        if sign(predict) != sign(labelArr[i]): errorCount += 1
    print("the training error rate is: %f" % (float(errorCount) / m))
    # 2. 导入测试数据
    dataArr, labelArr = loadImages('./testDigits')
    errorCount = 0
    datMat = mat(dataArr)
    labelMat = mat(labelArr).transpose()
    m, n = shape(datMat)
    for i in range(m):
        kernelEval = kernelTrans(sVs, datMat[i, :], kTup)
```

```
            predict = kernelEval.T * multiply(labelSV, alphas[svInd]) + b
        if sign(predict) != sign(labelArr[i]): errorCount += 1
    print("the test error rate is: %f" % (float(errorCount) / m))
```

通过下面的代码测试不同核值对错误率的影响，结果如表 4-2 所示。

```
if __name__ == "__main__":
    testDigits(('rbf', 0.1))
    testDigits(('rbf', 5))
    testDigits(('rbf', 10))
    testDigits(('rbf', 50))
    testDigits(('rbf', 100 ))
```

表 4-2　不同核值的错误率

核　　值	错　误　率
0.1	0.521
5	0.032
10	0.005
50	0.075
100	0.010

从表 4-1 中展示的结果上来看，当核值等于 10 时，测试集的错误率是最低的，核值小于 10 时处于欠拟合，而核值大于 10 时开始出现过拟合。

第 5 章 线性模型

线性模型是机器学习中的一个基础模型。线性模型的形式十分简洁，并且方便建模，所以该方法在现实生活中有广泛的应用。线性模型在机器学习中承载着诸多核心理念，许多功能更为复杂的非线性模型往往可以在线性模型的基础上，通过实施高维空间映射或引入层次结构来构建。线性模型类别中包含诸如 logistic 回归和线性支持向量机等模型，它们的共同点在于预测函数均采用了线性形式。虽然线性函数的建模能力有限，但当特征向量维数很高、训练样本很多时，它具有速度上的优势，在大规模分类问题中得以成功应用。

5.1 基本形式

线性模型是一种基于特征属性线性组合来进行预测的函数。它与非线性模型的主要区别在于，线性模型能否通过一条直线（或在多维空间中为一个超平面）来有效分隔样本，而非线性模型则通常无法用这样的简单直线或超平面来实现样本的分隔。需要注意的是，线性模型是可以用曲线来拟合的，但是线性模型的分类边界一定是一条直线（或超平面）。因此，在区分一个模型是否为线性模型时，只需要看自变量前的系数是否只影响了一个自变量，如果每个系数都只影响了一个自变量，那么这个模型就是线性模型。另外，也可以通过判断决策边界是否是线性的来判定这个模型是否是线性模型。

线性模型的一般形式：对于给定 d 个属性描述的示例 $\boldsymbol{x}=(x_1,x_2,\cdots,x_d)$，通过属性的线性组合来进行预测。一般的写法如下：

$$f(\boldsymbol{x})=\boldsymbol{w}^\mathrm{T}\boldsymbol{x}+b$$

因此，线性模型具有很好的解释性，参数 $\boldsymbol{w}$ 代表每个属性在回归过程中的重要程度。

最简单的回归模型，指的是有两个变量的线性模型，它们分别为因变量 Y 和自变量 X。以上是统计学上的叫法，在机器学习领域则称 X 为特征，而 Y 为标签。用公式来表达：$Y=\beta X+\alpha+\varepsilon$，其中 β 为斜率，又称变化率，表示的是 Y 根据 β 的方向和绝对值随 X 进行变化；α 为截距，当 X 为 0 时，$\alpha=Y-\varepsilon$；ε 为估计误差，这是因为数据在大多数情况下不是完全线性的，因此不能仅仅用 $Y=\beta X+\alpha$ 表示。

5.2 logistic 回归

logistic 回归，又称对数几率回归，尽管名字中包含"回归"，但实际上它是一种针对二分类问题的分类算法。它利用 sigmoid 函数计算样本属于某一类别的概率，这个概率值处于 0 到 1 之间。如果有这样一个函数：对于一个样本的特征向量，这个函数可以输出样本属于每个类的概率值，那么这个函数就可以用来作为分类函数。sigmoid 函数（又称 logistic 函数）就具有

这种性质，它的定义为

$$h(z) = \frac{1}{1+\exp(-z)}$$

这个函数的定义域为整个实数域，值域为 (0,1)，并且是一个单调递增函数。根据对分类函数的要求，这个函数可以用来作为随机变量的分布函数，即

$$p(x \leq z) = h(z)$$

直接将 sigmoid 函数用于分类问题，它是个一元函数，在实际应用中特征向量一般是多维的。先用一个线性函数将输入向量 x 映射成一个实数 z 即可，这样就得到如下预测函数：

$$h(x) = \frac{1}{1+\exp(-w^T x)}$$

式中，w 为线性映射权向量，由训练算法确定。在预测时，用权重与测试样本的特征向量计算加权和：

$$z = w_0 + w_1 \cdot x_1 + \cdots + w_n \cdot x_n$$

再用 logistic 函数进行变换，就得到了最终的输出。在这里还使用了偏置 w_0，如果按照如下定义扩充特征向量和权重向量：

$$x \leftarrow [1, x]$$

以及权重向量：

$$w \leftarrow [w_0, w_1, w_2, \cdots, w_n]$$

就可以写成上面的向量内积形式。上面的线性映射实际上就是线性回归，最后加上一维、单调的 logistic 函数并不能改变这是线性模型的本质。样本属于正样本的概率为

$$p(y=1|x) = h(x)$$

样本属于负样本的概率为

$$p(y=0|x) = 1 - h(x)$$

式中，y 为类别标签，取值为 1 或 0，分别对应正、负样本。正样本和负样本概率值比的对数被称为对数似然比：

$$\ln \frac{p(y=1|x)}{p(y=0|x)} = \ln \frac{\frac{1}{1+\exp(-w^T x)}}{1 - \frac{1}{1+\exp(-w^T x)}} = w^T x$$

分类规则：如果正样本的概率大于负样本的概率，即

$$h(x) > 0.5$$

则样本被判定为正样本，否则被判定为负样本。这等价于：

$$\frac{h(x)}{1-h(x)} = \frac{p(y=1|x)}{p(y=0|x)} > 1$$

也就是下面的线性不等式：

$$w^T x > 0$$

因此，logistic 回归是一个线性模型。

假设训练样本集为 (x_i, y_i)，$i=1,\cdots,l$，其中，x_i 为 n 维特征向量，y_i 为类别标签，取值为 1 或 0，给定参数 w 和样本特征向量 x，样本属于每个类的概率可以统一写成如下形式：

$$p(y|\boldsymbol{x},\boldsymbol{w}) = \big(h(\boldsymbol{x})\big)^y \big(1-h(\boldsymbol{x})\big)^{1-y}$$

证明很简单，令 y 为 1 或 0，上式分别等于样本属于正、负样本的概率。logistic 回归输出的是样本属于一个类的概率，而样本的类别标签为离散的 1 或 0，因此，不适合直接用欧氏距离误差来定义损失函数，这里通过最大似然估计来确定参数。由于样本之间相互独立，训练样本集的似然函数为

$$L(\boldsymbol{w}) = \prod_{i=1}^{l} p(y_i|\boldsymbol{x}_i,\boldsymbol{w}) = \prod_{i=1}^{l} \Big(h(\boldsymbol{x}_i)^{y_i}\big(1-h(\boldsymbol{x}_i)\big)^{1-y_i}\Big)$$

这个函数对应于 n 重伯努利分布。对数似然函数为

$$f(\boldsymbol{w}) = \ln L(\boldsymbol{w}) = \sum_{i=1}^{l}\big(y_i \ln h(\boldsymbol{x}_i) + (1-y_i)\ln(1-h(\boldsymbol{x}_i))\big)$$

这个函数称为二项式对数似然函数（Binomial Log-Likelihood），要求该函数的最大值等价于求解如下最小化问题：

$$\min_{w} -f(\boldsymbol{w})$$

可以证明这个目标函数是凸函数。下面分两种情况进行证明。对于任何一个样本，如果 $y_i = 0$，即样本是负样本，则

$$y_i \ln h(\boldsymbol{x}_i) + (1-y_i)\ln(1-h(\boldsymbol{x}_i)) = \ln(1-h(\boldsymbol{x}_i))$$

函数的梯度为

$$\nabla \ln(1-h(\boldsymbol{x}_i)) = \frac{1}{1-h(\boldsymbol{x}_i)}(-1)h(\boldsymbol{x}_i)(1-h(\boldsymbol{x}_i))\boldsymbol{x}_i = -h(\boldsymbol{x}_i)\boldsymbol{x}_i$$

这里利用了 logistic 函数的导数公式。函数的 Hessian 矩阵为

$$\nabla^2 \ln(1-h(\boldsymbol{x}_i)) = \nabla\big(-h(\boldsymbol{x}_i)\boldsymbol{x}_i\big) = -h(\boldsymbol{x}_i)(1-h(\boldsymbol{x}_i))\boldsymbol{X}$$

如果单个样本的特征向量为 $\boldsymbol{x}_i = [x_{i1}, x_{i2}, \cdots, x_{in}]^{\mathrm{T}}$，令矩阵 $\boldsymbol{X}$ 为

$$\boldsymbol{X} = \begin{bmatrix} x_{i1}^2 & \cdots & x_{i1}x_{in} \\ \vdots & & \vdots \\ x_{in}x_{i1} & \cdots & x_{in}^2 \end{bmatrix}$$

则 $-\ln(1-h(\boldsymbol{x}_i))$ 的 Hessian 矩阵为

$$h(\boldsymbol{x}_i)(1-h(\boldsymbol{x}_i))\boldsymbol{X}$$

矩阵 $\boldsymbol{X}$ 可以写成如下乘积形式：

$$\boldsymbol{X} = \boldsymbol{x}_i \boldsymbol{x}_i^{\mathrm{T}}$$

对任意不为 0 的向量 $\boldsymbol{x}$ 有

$$\boldsymbol{x}^{\mathrm{T}}\boldsymbol{X}\boldsymbol{x} = \boldsymbol{x}^{\mathrm{T}}\big(\boldsymbol{x}_i\boldsymbol{x}_i^{\mathrm{T}}\big)\boldsymbol{x} = \boldsymbol{x}^{\mathrm{T}}\boldsymbol{x}_i\boldsymbol{x}_i^{\mathrm{T}}\boldsymbol{x} = \big(\boldsymbol{x}^{\mathrm{T}}\boldsymbol{x}_i\big)\big(\boldsymbol{x}_i^{\mathrm{T}}\boldsymbol{x}\big) \geq 0$$

从而矩阵 $\boldsymbol{X}$ 是半正定的，另外由于：

$$h(\boldsymbol{x}_i)(1-h(\boldsymbol{x}_i)) > 0$$

因此，Hessian 矩阵是半正定的，上面的函数是凸函数。下面考虑另一种情况，如果 $y_i = 1$，则

$$y_i \ln h(\boldsymbol{x}_i) + (1-y_i)\ln(1-h(\boldsymbol{x}_i)) = \ln h(\boldsymbol{x}_i)$$

Hessian 矩阵为

$$\nabla^2 \ln h(\boldsymbol{x}_i) = \nabla\big(1-h(\boldsymbol{x}_i)\big)\boldsymbol{x}_i = (-1)h(\boldsymbol{x}_i)(1-h(\boldsymbol{x}_i))\boldsymbol{X}$$

这里矩阵的定义与前一种情况相同。因此，$-\ln h(\boldsymbol{x}_i)$ 的 Hessian 矩阵为
$$h(\boldsymbol{x}_i)(1-h(\boldsymbol{x}_i))\boldsymbol{X}$$
矩阵 $\boldsymbol{X}$ 是半正定的，由于：
$$h(\boldsymbol{x}_i)(1-h(\boldsymbol{x}_i)) > 0$$
因此，这个函数是凸函数。因为所有的 $-y_i \ln h(\boldsymbol{x}_i) - (1-y_i)\ln(1-h(\boldsymbol{x}_i))$ 都是凸函数，由于凸函数的非负线性组合还是凸函数，所以目标函数是凸函数，这个最优化问题是不带约束条件的凸优化问题。如果使用欧氏距离作为损失函数，则不能保证为凸函数，这是使用最大似然估计（交叉熵）最主要的原因。可以使用梯度下降法求解，目标函数的梯度为

$$-\nabla \sum_{i=1}^{l}\left(y_i \ln h(\boldsymbol{x}_i) + (1-y_i)\ln(1-h(\boldsymbol{x}_i))\right)$$
$$= -\sum_{i=1}^{l}\left(y_i \frac{1}{h(\boldsymbol{x}_i)} h(\boldsymbol{x}_i)(1-h(\boldsymbol{x}_i))\boldsymbol{x}_i + (1-y_i)\frac{1}{1-h(\boldsymbol{x}_i)}(-1)h(\boldsymbol{x}_i)(1-h(\boldsymbol{x}_i))\boldsymbol{x}_i\right)$$
$$= -\sum_{i=1}^{l}\left(y_i(1-h(\boldsymbol{x}_i))\boldsymbol{x}_i - (1-y_i)h(\boldsymbol{x}_i)\boldsymbol{x}_i\right)$$
$$= \sum_{i=1}^{l}(h(\boldsymbol{x}_i) - y_i)\boldsymbol{x}_i$$

最后得到权重的梯度下降法的迭代更新公式为
$$\boldsymbol{w}_{k+1} = \boldsymbol{w}_k - \alpha \sum_{i=1}^{l}(h(\boldsymbol{x}_i) - y_i)\boldsymbol{x}_i$$

$\boldsymbol{w}$ 的初始值可以设为全为 1 的向量，或者采用更复杂的方法初始化。梯度下降法每迭代一次要用到训练集所有的样本，如果样本数量很大，那么训练的速度会非常慢。作为改进可以使用随机梯度下降法，每次选择一部分样本参与迭代。除了随机梯度下降法这种一阶优化技术，还可以使用牛顿法及其变种，如 BFGS 算法。

5.3 正则化 logistic 回归

5.3.1 对数似然函数

5.2 节介绍的标准 logistic 回归可能会面临过拟合问题，则可以为损失函数加上正则化项，得到正则化 logistic 回归。

在这里采用另一种形式的似然函数。假设二分类问题两个类的类别标签为 +1 和 -1，前面一种写法的类别标签是 0 和 1。一个样本为每个类的概率可以统一写为

$$p(y=\pm 1 \mid \boldsymbol{x}, \boldsymbol{w}) = \frac{1}{1+\exp\left(-y\left(\boldsymbol{w}^\mathrm{T}\boldsymbol{x}+b\right)\right)}$$

样本是正样本的概率为

$$p(y=+1\mid \boldsymbol{x},\boldsymbol{w}) = \frac{1}{1+\exp\left(-\left(\boldsymbol{w}^\mathrm{T}\boldsymbol{x}+b\right)\right)}$$

样本是负样本的概率为

$$p(y=-1\mid \boldsymbol{x},\boldsymbol{w}) = \frac{1}{1+\exp\left(\boldsymbol{w}^\mathrm{T}\boldsymbol{x}+b\right)}$$

给定一组训练样本的特征 $\boldsymbol{x}$，以及它们的类别标签 y，logistic 回归的对数似然函数为

$$-\sum_{i=1}^{l}\ln\left(1+\exp\left(-y_i\left(\boldsymbol{w}^\mathrm{T}\boldsymbol{x}_i+b\right)\right)\right)$$

求该函数的极大值等价于求解如下极小值问题：

$$\min_{\boldsymbol{w},b}\sum_{i=1}^{l}\ln\left(1+\exp\left(-y_i\left(\boldsymbol{w}^\mathrm{T}\boldsymbol{x}_i+b\right)\right)\right)$$

下面给出推导过程。根据前面给出的概率计算公式，给定一组样本，可以得到似然函数为

$$L(\boldsymbol{w},b) = \prod_{i=1}^{l}\frac{1}{1+\exp\left(-y_i\left(\boldsymbol{w}^\mathrm{T}\boldsymbol{x}_i+b\right)\right)}$$

对数似然函数为

$$\ln\prod_{i=1}^{l}\frac{1}{1+\exp\left(-y_i\left(\boldsymbol{w}^\mathrm{T}\boldsymbol{x}_i+b\right)\right)} = -\sum_{i=1}^{l}\ln\left(1+\exp\left(-y_i\left(\boldsymbol{w}^\mathrm{T}\boldsymbol{x}_i+b\right)\right)\right)$$

求该函数的极大值等价于求其负函数的极小值，由此得到目标函数为

$$f(\boldsymbol{w},b) = \sum_{i=1}^{l}\ln\left(1+\exp\left(-y_i\left(\boldsymbol{w}^\mathrm{T}\boldsymbol{x}_i+b\right)\right)\right)$$

为简单表述，对特征向量和权重向量进行扩充，定义如下扩充后的 $\boldsymbol{x}$ 和 $\boldsymbol{w}$：

$$\boldsymbol{x}^\mathrm{T} \leftarrow \left[\boldsymbol{x}^\mathrm{T},1\right]$$
$$\boldsymbol{w}^\mathrm{T} \leftarrow \left[\boldsymbol{w}^\mathrm{T},b\right]$$

目标函数可以简化为

$$\sum_{i=1}^{l}\ln\left(1+\mathrm{e}^{-y_i\boldsymbol{w}^\mathrm{T}\boldsymbol{x}_i}\right)$$

在 5.3.2 节中我们会证明这个函数同样是凸函数，因此训练时求解的是一个凸优化问题。

5.3.2 L2 正则化原问题

为了防止过拟合，为上面的目标参数加上 L2 正则化项，得到 L2 正则化的目标函数：

$$\min_{\boldsymbol{w}} f(\boldsymbol{w}) = \frac{1}{2}\boldsymbol{w}^\mathrm{T}\boldsymbol{w} + C\sum_{i=1}^{l}\ln\left(1+\mathrm{e}^{-y_i\boldsymbol{w}^\mathrm{T}\boldsymbol{x}_i}\right)$$

式中，C 为一个人工设定的大于 0 的惩罚因子，用于平衡训练样本，损失函数前半部分是正则化项。从另一个角度看，这个惩罚因子为训练样本加上了权重。下面证明如下函数是凸函数：

$$\ln\left(1+\mathrm{e}^{-y_i\boldsymbol{w}^\mathrm{T}\boldsymbol{x}_i}\right)$$

该函数的梯度为

$$\nabla \ln\left(1+e^{-y_i\boldsymbol{w}^T\boldsymbol{x}_i}\right) = \frac{1}{1+e^{-y_i\boldsymbol{w}^T\boldsymbol{x}_i}} e^{-y_i\boldsymbol{w}^T\boldsymbol{x}_i}(-y_i)\boldsymbol{x}_i = -y_i\left(1-\frac{1}{1+e^{-y_i\boldsymbol{w}^T\boldsymbol{x}_i}}\right)\boldsymbol{x}_i$$

Hessian 矩阵为

$$\nabla^2 \ln\left(1+e^{-y_i\boldsymbol{w}^T\boldsymbol{x}_i}\right) = \frac{y_i^2 e^{-y_i\boldsymbol{w}^T\boldsymbol{x}_i}}{\left(1+e^{-y_i\boldsymbol{w}^T\boldsymbol{x}_i}\right)^2}\boldsymbol{X}$$

由于

$$\frac{y_i^2 e^{-y_i\boldsymbol{w}^T\boldsymbol{x}_i}}{\left(1+e^{-y_i\boldsymbol{w}^T\boldsymbol{x}_i}\right)^2} > 0$$

因此，Hessian 矩阵是半正定的，函数是凸函数。凸函数的非负线性组合还是凸函数，因此，函数

$$C\sum_{i=1}^{l} \ln\left(1+e^{-y_i\boldsymbol{w}^T\boldsymbol{x}_i}\right)$$

是凸函数。正则化项部分是凸函数，由此得到整个目标函数是凸函数。常用的优化方法如随机梯度下降法、共轭梯度法、拟牛顿法都可以求解此问题。

当问题的规模很大时，常规的算法都会面临效率问题。如果训练样本数和特征向量维数都非常大，则寻找一个高效的求解算法非常重要。用可信域牛顿法（Trust Region Newton Methods）求解此问题，它是截断牛顿法的一种。前面已经推导过目标函数的梯度和 Hessian 矩阵了，为了表述简洁，写成向量和矩阵形式。目标函数的梯度为

$$\nabla f(\boldsymbol{w}) = \boldsymbol{w} + C\sum_{i=1}^{l}\left(\sigma\left(y_i\boldsymbol{w}^T\boldsymbol{x}_i\right)-1\right)y_i\boldsymbol{x}_i$$

Hessian 矩阵为

$$\nabla^2 f(\boldsymbol{w}) = \boldsymbol{I} + C\boldsymbol{X}^T\boldsymbol{D}\boldsymbol{X}$$

式中，$\boldsymbol{I}$ 为 n 阶单位矩阵；σ 为 sigmoid 函数：

$$\sigma\left(y_i\boldsymbol{w}^T\boldsymbol{x}_i\right) = \left(1+e^{-y_i\boldsymbol{w}^T\boldsymbol{x}_i}\right)^{-1}$$

矩阵 $\boldsymbol{X}$ 为所有训练样本的特征向量组成的 $l\times n$ 矩阵，每一行为一个样本：

$$\boldsymbol{X} = \begin{bmatrix} \boldsymbol{x}_1^T \\ \vdots \\ \boldsymbol{x}_l^T \end{bmatrix}$$

$\boldsymbol{D}$ 为对角矩阵，主对角线元素为

$$\boldsymbol{D}_{ii} = \sigma\left(y_i\boldsymbol{w}^T\boldsymbol{x}_i\right)\left(1-\sigma\left(y_i\boldsymbol{w}^T\boldsymbol{x}_i\right)\right)$$

这是一个 $l\times n$ 的矩阵。前面已经证明不带正则化项的 Hessian 矩阵是半正定的，若加入正则化项，则目标函数的 Hessian 矩阵严格正定，故目标函数的 Hessian 矩阵可逆。牛顿法按如下公式更新权重向量的值：

$$\boldsymbol{w}^{k+1} = \boldsymbol{w}^k + \boldsymbol{s}^k$$

式中，k 为迭代的次数；$\boldsymbol{s}^k$ 为牛顿方向，它是如下线性方程组的解：

$$\nabla^2 f(\boldsymbol{w}^k)\boldsymbol{s}^k = -\nabla f(\boldsymbol{w}^k)$$

标准牛顿法的更新方法可能会存在以下两个问题。

（1）序列 w^k 可能不会收敛到一个最优解，它甚至不能保证函数单调递减。

（2）矩阵 $X^\mathrm{T}DX$ 一般是一个密集矩阵，此时 Hessian 矩阵规模太大不便于存储，求解上述线性方程组是个问题。

解决第一个问题可以通过调整牛顿方向的步长来实现，目前常用的方法有两种：直线搜索法和可信域法，在这里采用了可信域法。

针对第二个问题，求解线性方程组存在两大类方法：一类是直接法，典型代表如高斯消元法；另一类是迭代法，如共轭梯度法就是其中的一种。迭代法的主要步骤是计算 Hessian 矩阵和向量 s 的乘积：

$$\nabla^2 f(w)s = \left(I + CX^\mathrm{T}DX\right)s = s + C \cdot X^\mathrm{T}\left(D(Xs)\right)$$

由于矩阵稀疏，不用存储 Hessian 矩阵就可以计算上面的矩阵和向量乘法。对于大规模 logistic 回归问题，迭代法比直接法更好。在所有的迭代法中，共轭梯度法是目前在牛顿法求解中最常用的。

整个优化算法有两层循环迭代，外层循环是带直线搜索的牛顿法，在每个外层迭代中，内层循环的共轭梯度法用于计算牛顿方向。在外层迭代的初始阶段，采用近似的牛顿方向作为替代，这种方法称为截断牛顿法。

可信域牛顿法是截断牛顿法的一个变种，用于求解带界限约束的最优化问题。在可信域牛顿法的每步迭代中，有一个迭代序列 w^k、一个可信域的大小 Δ_k，以及一个二次目标函数：

$$q_k(s) = \left(\nabla f(w^k)\right)^\mathrm{T} s + \frac{1}{2}s^\mathrm{T}\nabla^2 f(w^k)s$$

这个式子可以通过泰勒展开得到，忽略二次以上的项，这是对函数下降值 $f(w^k+s)-f(w^k)$ 的近似。算法寻找一个 s^k 在满足约束条件 $\|s\| \leq \Delta_k$ 时近似最小化 $q_k(s)$。接下来检查如下比值以更新 w^k 和 Δ_k：

$$\rho_k = \frac{f(w^k+s^k)-f(w^k)}{q_k(s^k)}$$

这是函数值的实际减少量和二次近似模型预测方向导致的函数减少量的比值。迭代方向可以接受的条件是 ρ_k 足够大，由此得到参数的更新规则为

$$w^{k+1} = \begin{cases} w^k + s^k, & \rho_k > \eta_0 \\ w^k, & \rho_k \leq \eta_0 \end{cases}$$

式中，η_0 是一个人工设定的值。Δ_k 的更新规则取决于人工设定的正常数 η_1 和 η_2，其中：

$$\eta_1 < \eta_2 < 1$$

Δ_k 的更新率取决于人工设定的正常数 σ_1、σ_2、σ_3，其中：

$$\sigma_1 < \sigma_2 < 1 < \sigma_3$$

可行域的边界 Δ_k 的更新规则为

$$\begin{aligned}
&\Delta_{k+1} \in \left[\sigma_1 \min\{\|s^k\|,\Delta_k\}, \sigma_2 \Delta_k\right], && \rho_k \leq \eta_1 \\
&\Delta_{k+1} \in [\sigma_1 \Delta_k, \sigma_3 \Delta_k], && \rho_k \in (\eta_1, \eta_2) \\
&\Delta_{k+1} \in [\Delta_k, \sigma_3 \Delta_k], && \rho_k \geq \eta_2
\end{aligned}$$

共轭梯度法用于寻找牛顿方向，最主要的一步是计算 Hessian 矩阵和向量的乘法 $\nabla^2 f(\boldsymbol{w}^k)\boldsymbol{d}^{-i}$。由于

$$\boldsymbol{r}^i = -\nabla f(\boldsymbol{w}^k) - \nabla^2 f(\boldsymbol{w}^k)\boldsymbol{s}^{-i}$$

这个值是共轭梯度法返回的，后面会介绍。因此，循环停止条件为

$$\left\|-\nabla f(\boldsymbol{w}^k) - \nabla^2 f(\boldsymbol{w}^k)\boldsymbol{s}^{-i}\right\| \leq \xi_k \left\|\nabla f(\boldsymbol{w}^k)\right\|$$

式中，$\boldsymbol{s}^{-i}$ 是线性方程组的近似解。一般设置初值为 0，因此有

$$\left\|\boldsymbol{s}^{-i}\right\| < \left\|\boldsymbol{s}^{-i+1}\right\|, \quad \forall i$$

求解 L2 正则化 logistic 回归原问题的可信域牛顿法完整流程如下。

设置初始值 $\boldsymbol{w}^0$

循环，$k = 0,1,\cdots$

  如果 $\nabla f(\boldsymbol{w}^k) = 0$，则已到达极值点，停止循环

  用共轭梯度法为可信域子问题寻找一个近似解 $\boldsymbol{s}^k$；

$$\min_s q_k(\boldsymbol{s}), \quad \|\boldsymbol{s}\| \leq \varDelta_k$$

  计算 ρ_k

  用牛顿方向更新参数 $\boldsymbol{w}^{k+1} \leftarrow \boldsymbol{w}^k$

  更新可信域范围 $\varDelta_{k+1}$

结束

寻找牛顿方向的共轭梯度法流程如下。

设置 $\xi_k < 1$，$\varDelta_k > 0$，初始化 $\boldsymbol{s}^0 = 0$，$\boldsymbol{r}^0 = -\nabla f(\boldsymbol{w}^k)$，$\boldsymbol{d}^0 = \boldsymbol{r}^0$，进入循环 $i = 0,1,\cdots$

1. 终止条件：

若 $\|\boldsymbol{r}^i\| \leq \xi_k \|\nabla f(\boldsymbol{w}^k)\|$，则输出 $\boldsymbol{s}^k = \boldsymbol{s}^i$，结束循环

2. 计算步长：

$$\alpha_i = \frac{\|\boldsymbol{r}^i\|^2}{(\boldsymbol{d}^i)^{\mathrm{T}} \nabla^2 f(\boldsymbol{w}^k) \boldsymbol{d}^i}$$

3. 更新累积步长：

$$\boldsymbol{s}^{i+1} = \boldsymbol{s}^i + \alpha_i \boldsymbol{d}^i$$

4. 信赖域约束检查：

若 $\|\boldsymbol{s}^{i+1}\| \geq \varDelta_k$：

 ○ 解方程 $\|\boldsymbol{s}^i + \tau \boldsymbol{d}^i\| = \varDelta_k$ 计算 τ

 ○ 输出 $\boldsymbol{s}^k = \boldsymbol{s}^i + \tau \boldsymbol{d}^i$，停止

5. 更新残差：

$$\boldsymbol{r}^{i+1} = \boldsymbol{r}^i - \alpha_i \nabla^2 f(\boldsymbol{w}^k) \boldsymbol{d}^i$$

6. 计算共轭方向系数：
$$\beta_i = \frac{\|r^{i+1}\|^2}{\|r^i\|^2}$$

7. 更新搜索方向：
$$d^{i+1} = r^{i+1} + \beta_i d^i$$

结束

可信域牛顿法有较快的收敛速度，因此，更适合大规模稀疏特征的 logistic 回归问题求解。

5.3.3 L2 正则化对偶问题

利用 Fenchel 对偶，可以得到 L2 正则化 logistic 回归的对偶问题为

$$\min_{\alpha} D_{\text{LR}}(\alpha) = \frac{1}{2}\alpha^{\text{T}} Q \alpha + \sum_{i:a_i>0} a_i \ln a_i + \sum_{i:a_i<C}(C-a_i)\ln(C-a_i) \quad 0 \le a_i \le C, \ i=1,2,\cdots,l$$

式中，C 为原问题中的惩罚因子，矩阵 Q 定义为

$$Q_{ij} = y_i y_j x_i^{\text{T}} x_j$$

这与支持向量机的对偶问题相同。上式可以简化为

$$\min_{\alpha} D_{\text{LR}}(\alpha) = \frac{1}{2}\alpha^{\text{T}} Q \alpha + \sum_{i=1}^{l}\left(\alpha_i \ln \alpha_i + (C-\alpha_i)\ln(C-\alpha_i)\right) \quad 0 \le \alpha_i \le C, \ i=1,2,\cdots,l$$

上面的目标函数中带有对数函数，可以采用坐标下降法求解。与其他最优化方法如共轭梯度法、拟牛顿法相比，坐标下降法有更快的迭代速度，更适合大规模问题的求解。下面介绍带约束条件的坐标下降法的求解思路。考虑如下带线性约束的最优化问题：

$$\min f(\alpha)$$
$$A\alpha = b$$
$$0 \le \alpha \le Ce$$

优化向量 α 为 n 维向量。线性约束的系数矩阵 A 为 $m \times n$ 矩阵，线性约束的常数向量 b 为 m 维向量，向量 e 是一个分量全为 1 的 n 维向量，C 是一个大于 0 的常数。坐标下降法的求解思路是每次迭代时更新 α 部分变量的值，这比同时优化所有变量要简化很多。

在极端情况下，如果每次只优化一个变量，上面的对偶问题每次需要优化的子问题为单变量的极值问题：

$$\min_{z} g(z) = (c_1+z)\ln(c_1+z) + (c_2-z)\ln(c_2-z) + \frac{a}{2}z^2 + bz, \quad -c_1 \le z \le c_2$$

式中，常数 $c_1 = a_i$，$c_2 = C - a_i$，$a = Q_{ii}$，$b = Q\alpha$。

因为目标函数含有对数函数，上面的函数是一个超越函数，无法给出公式解。如果采用牛顿法求解上面的问题，不考虑不等式约束条件 $-c_1 \le z \le c_2$，则迭代公式为

$$z^{k+1} = z^k + d$$
$$d = -\frac{g'(z^k)}{g''(z^k)}$$

式中，k 为迭代次数，$\forall z \in (-c_1, c_2)$。子问题目标函数的一阶导数和二阶导数分别为

$$g'(z) = az + b + \ln\frac{c_1+z}{c_2-z}$$

$$g''(z) = a + \frac{c_1+c_2}{(c_1+z)(c_2-z)}$$

为了保证牛顿法收敛，还需要加上直线搜索，检查函数值是否充分下降。

5.3.4 L1 正则化原问题

L1 正则化 logistic 回归求解如下不带约束的最优化问题：

$$\min_{\boldsymbol{w}} \|\boldsymbol{w}\|_1 + C\sum_{i=1}^{l}\ln(1+e^{-y_i\boldsymbol{w}^T\boldsymbol{x}_i})$$

目标函数的前半部分构成了 L1 正则化项，具体表现为各变量绝对值之和，其中 C 是一个预设的、大于 0 的惩罚因子。需要注意的是，由于绝对值函数在 0 点不具备可导性，所以整个目标函数在这一点也是不可导的。接下来，证明这是一个凸优化问题：首先，绝对值函数本身就是凸函数；其次，多个凸函数的和依然保持凸函数的性质，因此 L1 正则化项作为多个绝对值函数的和，也是凸函数。另外，已经证明了目标函数的后半部分同样是凸函数。所以，将这两部分相加，整个目标函数仍然是凸函数。综上所述，这是一个不带有任何约束条件的凸优化问题。

可以采用坐标下降法求解，由

$$\sum_{i=1}^{l}\ln(1+e^{-y_i\boldsymbol{w}^T\boldsymbol{x}_i}) = \sum_{i=1,y_i=1}^{l}\ln(1+e^{-\boldsymbol{w}^T\boldsymbol{x}_i}) + \sum_{i=1,y_i=-1}^{l}\ln(1+e^{\boldsymbol{w}^T\boldsymbol{x}_i})$$

$$= \sum_{i=1}^{l}\ln(1+e^{-\boldsymbol{w}^T\boldsymbol{x}_i}) + \sum_{i=1,y_i=-1}^{l}\left(\ln(1+e^{\boldsymbol{w}^T\boldsymbol{x}_i}) - \ln(1+e^{-\boldsymbol{w}^T\boldsymbol{x}_i})\right)$$

$$= \sum_{i=1}^{l}\ln(1+e^{-\boldsymbol{w}^T\boldsymbol{x}_i}) + \sum_{i=1,y_i=-1}^{l}\left(\boldsymbol{w}^T\boldsymbol{x}_i\right)$$

因此，目标函数可以写成：

$$f(\boldsymbol{w}) = \|\boldsymbol{w}\|_1 + C\left(\sum_{i=1}^{l}\ln(1+e^{-\boldsymbol{w}^T\boldsymbol{x}_i}) + \sum_{i:y_i=-1}\boldsymbol{w}^T\boldsymbol{x}_i\right)$$

坐标下降法每次选择向量 $\boldsymbol{w}$ 的一个分量进行优化。假设选中的分量下标为 j，这相当于最小化单个变量的目标函数：

$$f(\boldsymbol{w}+z\boldsymbol{e}_j) - f(\boldsymbol{w}) = |w_j+z| - |w_j| + C\left(\sum_{i=1}^{l}\ln\left(1+e^{-(\boldsymbol{w}+z\boldsymbol{e}_j)^T\boldsymbol{x}_i}\right) + \sum_{i:y_i=-1}\left(\boldsymbol{w}+z\boldsymbol{e}_j\right)^T\boldsymbol{x}_i\right)$$

$$- C\left(\sum_{i=1}^{l}\ln\left(1+e^{-\boldsymbol{w}^T\boldsymbol{x}_i}\right) + \sum_{i:y_i=-1}\boldsymbol{w}^T\boldsymbol{x}_i\right)$$

$$= |w_j+z| + L_j(z,\boldsymbol{w}) + c \approx |w_j+z| + L_j'(0,\boldsymbol{w})z + \frac{1}{2}L_j''(0,\boldsymbol{w})z^2 + c$$

向量 $\boldsymbol{e}$ 的第 j 个分量为 1，其他分量为 0，c 是一个常数。上式的最后一步用函数在 0 点处的二阶泰勒展开近似代替函数 $L_j(z,\boldsymbol{w})$。函数 $L_j(z,\boldsymbol{w})$ 和它的一阶导数、二阶导数分别为

$$L_j(z, \boldsymbol{w}) = C\left(\sum_{i=1}^{l}\ln\left(1+e^{-(\boldsymbol{w}+z\boldsymbol{e}_j)^{\mathrm{T}}\boldsymbol{x}_i}\right) + \sum_{i:y_i=-1}(\boldsymbol{w}+z\boldsymbol{e}_j)^{\mathrm{T}}\boldsymbol{x}_i\right)$$

$$L_j'(0, \boldsymbol{w}) = C\left(\sum_{i=1}^{l}\frac{-x_{ij}}{e^{\boldsymbol{w}^{\mathrm{T}}\boldsymbol{x}_i}+1} + \sum_{i:y_i=-1}x_{ij}\right)$$

$$L_j''(0, \boldsymbol{w}) = C\left(\sum_{i=1}^{l}\left(\frac{x_{ij}}{e^{\boldsymbol{w}^{\mathrm{T}}\boldsymbol{x}_i}+1}\right)e^{\boldsymbol{w}^{\mathrm{T}}\boldsymbol{x}_i}\right)$$

通过将目标函数近似成二次函数，根据导数为 0 的极值条件，上面子问题的最优搜索方向为

$$d = \begin{cases} -\dfrac{L_j'(0,\boldsymbol{w})+1}{L_j''(0,\boldsymbol{w})}, & L_j'(0,\boldsymbol{w})+1 \leqslant L_j''(0,\boldsymbol{w})w_j \\ -\dfrac{L_j'(0,\boldsymbol{w})-1}{L_j''(0,\boldsymbol{w})}, & L_j'(0,\boldsymbol{w})-1 \leqslant L_j''(0,\boldsymbol{w})w_j \\ -w_j, & \text{其他} \end{cases}$$

5.4 logistic 回归算法案例

5.4.1 logistic 回归工作原理

logistic 算法首先将每个回归系数初始化为 1，然后重复 R 次以下步骤：计算整个数据集的梯度，并利用步长乘以梯度来更新回归系数的向量，最终返回更新后的回归系数。

5.4.2 使用 logistic 回归在简单数据集上的分类

1. 收集数据

可以使用任何方法来获取数据，在此我们采用存储在 TestSet.txt 文本文件中的数据。数据存储格式截图如图 5-1 所示。

-0.017612	14.053064	0
-1.395634	4.662541	1
-0.752157	6.538620	0
-1.322371	7.152853	0
0.423363	11.054677	0
0.406704	7.067335	1
0.667394	12.741452	0
-2.460150	6.866805	1
0.569411	9.548755	0
-0.026632	10.427743	0
0.850433	6.920334	1
1.347183	13.175500	0
1.176813	3.167020	1
-1.781871	9.097953	0
-0.566606	5.749003	1

图 5-1 数据存储格式截图

2. 准备数据

由于需要进行距离计算，因此要求数据类型为数值型。另外，结构化数据格式最佳。

```python
def load_data_set():
    """
    加载数据集
    :return:返回两个数组，普通数组
        data_arr -- 原始数据的特征
        label_arr -- 原始数据的标签，也就是每条样本对应的类别
    """
    data_arr = []
    label_arr = []
    f = open('./TestSet.txt', 'r')
    for line in f.readlines():
        line_arr = line.strip().split()
        # 为了方便计算，将 X0 的值设为 1.0，也就是在每行的开头添加一个 1.0 作为 X0
        data_arr.append([1.0, np.float(line_arr[0]), np.float(line_arr[1])])
        label_arr.append(int(line_arr[2]))
    return data_arr, label_arr
```

3. 使用算法

随机梯度上升对简单数据集中的数据进行分类。

```python
def stoc_grad_ascent1(data_mat, class_labels, num_iter=150):
    """
    随机梯度上升，使用随机的一个样本来更新回归系数
    :param data_mat: 输入数据的数据特征（除去最后一列），ndarray
    :param class_labels: 输入数据的类别标签（最后一列数据）
    :param num_iter: 迭代次数
    :return: 得到的最佳回归系数
    """
    m, n = np.shape(data_mat)
    weights = np.ones(n)
    for j in range(num_iter):
        # 这里必须用 list，不然后面的 del 没办法使用
        data_index = list(range(m))
        for i in range(m):
            # i和j不断增大，导致alpha的值不断减小，但是不为0
            alpha = 4 / (1.0 + j + i) + 0.01
            # 随机产生一个 0~len()的值
            # random.uniform(x, y) 方法将随机生成下一个实数，它在[x,y]范围内，x是这个范围内的最小值，y是这个范围内的最大值
            rand_index = int(np.random.uniform(0, len(data_index)))
            h = sigmoid(np.sum(data_mat[data_index[rand_index]] * weights))
            error = class_labels[data_index[rand_index]] - h
            weights=weights + alpha * error * data_mat[data_index[rand_index]]
            del(data_index[rand_index])
```

```
    return weights
```

4. 数据可视化

代码如下。

```
def plot_best_fit(weights):
    """
    可视化
    :param weights:
    :return:
    """
    import matplotlib.pyplot as plt
    data_mat, label_mat = load_data_set()
    data_arr = np.array(data_mat)
    n = np.shape(data_mat)[0]
    x_cord1 = []
    y_cord1 = []
    x_cord2 = []
    y_cord2 = []
    for i in range(n):
        if int(label_mat[i]) == 1:
            x_cord1.append(data_arr[i, 1])
            y_cord1.append(data_arr[i, 2])
        else:
            x_cord2.append(data_arr[i, 1])
            y_cord2.append(data_arr[i, 2])
    fig = plt.figure()
    ax = fig.add_subplot(111)
    ax.scatter(x_cord1, y_cord1, s=30, color='k', marker='^')
    ax.scatter(x_cord2, y_cord2, s=30, color='red', marker='s')
    x = np.arange(-3.0, 3.0, 0.1)
    y = (-weights[0] - weights[1] * x) / weights[2]
    """
    dataMat.append([1.0, float(lineArr[0]), float(lineArr[1])])
    w0*x0+w1*x1+w2*x2=f(x)
    x0 初始值设置为1，  x2 为画图的 y 值，而 f(x) 的磨合误差被分配到了 w0、w1、w2 上
    所以： w0+w1*x+w2*y=0 => y = (-w0-w1*x)/w2
    """
    ax.plot(x, y)
    plt.xlabel('x1')
    plt.ylabel('y1')
    plt.show()
```

5. 运行程序

代码如下。

```
def test():
    """
```

函数分别对上面所涉及的算法进行测试，该操作可以免去每次在 power shell 里面进行操作
:return:
"""
data_arr, class_labels = load_data_set()
# 注意，此处 grad_ascent 返回的是一个 matrix，所以要使用 getA 方法变成 ndarray 类型
# weights = grad_ascent(data_arr, class_labels).getA()
# weights = stoc_grad_ascent0(np.array(data_arr), class_labels)
weights = stoc_grad_ascent1(np.array(data_arr), class_labels)
plot_best_fit(weights)

if __name__ == '__main__':
    test()
```

运行完程序后，将出现如图 5-2 所示的结果图，其中通过分类将数据集分成了两个类别。

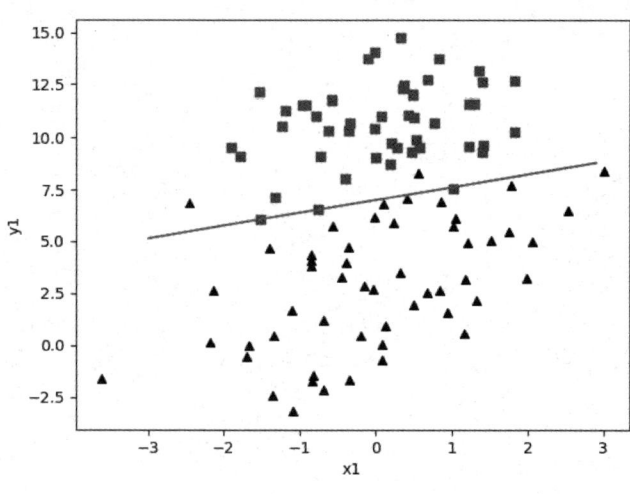

图 5-2　结果图
```

第 6 章 贝叶斯分类器

贝叶斯分类器是一种概率模型，它用贝叶斯公式解决分类问题。分类有基于规则的分类（查询）和基于非规则的分类（有指导学习）。贝叶斯分类是一种非规则的分类方法，它依赖训练集（由已分类样本组成的集合）来构建分类器。这里的"分类"指的是被预测变量为离散值的情况，而对于连续值的预测则被称为回归。贝叶斯分类器实际上涵盖了多种分类算法，它们共同的核心是贝叶斯定理。这一定理提供了一种计算概率的方法，其基本原理：一个事件发生的可能性取决于该事件在先验概率分布中的历史出现频率。在贝叶斯分类中，如果样本的特征向量遵循某种特定的概率分布，就可以计算出这些特征向量属于某个类别的条件概率。最终，样本会被归类为条件概率最大的那个类别。进一步地，根据对特征向量不同假设的采用，贝叶斯分类器还可以细分为不同种类。例如，如果特征向量的各个分量是相互独立的，那么得到的就是朴素贝叶斯分类器；而如果特征向量服从多维正态分布，那么得到的就是正态贝叶斯分类器。

贝叶斯分类器可以用来进行统计建模、统计推断，即从观测数据推断模型参数，优点是具有良好的可解释性，在工业界中，可应用于很多场景进行分类。例如，文本分类/垃圾文本过滤/情感判别、推荐系统、银行信贷业务、专家系统、预测天气及拼写纠正问题。

6.1 贝叶斯决策

6.1.1 贝叶斯决策概念

贝叶斯决策是一种决策方法，它首先依据科学试验来调整和更新自然状态发生的概率，随后采用诸如期望效用最大化等原则来确定最佳的决策方案。

风险型决策通常基于历史数据或主观判断来设定各种自然状态的概率（先验概率），并据此采用期望效用最大化等原则来选择最优决策。然而，这种方法存在风险，因为这些先验概率未经实验验证。为了减轻这种风险，可以通过科学试验（如市场调查、统计分析等）来收集更多关于自然状态概率的信息，进而对这些概率进行确认或调整。在调整了自然状态的概率后，再次利用期望效用最大化等原则来确定最优的决策方案。这种先通过科学试验调整自然状态概率，再依据期望效用最大化等原则做出决策的方法，就是贝叶斯决策方法。

简而言之，贝叶斯决策是在信息不完全的情况下，对部分未知的状态使用主观概率进行估计，接着利用贝叶斯公式对这些概率进行修正，并最终基于修正后的概率和期望值来做出最优的决策。

贝叶斯公式揭示了两个相关联的随机事件或随机变量之间在概率上的关联和转换关系。贝叶斯分类器使用贝叶斯公式计算样本属于某一类的条件概率值，并将样本判定为概率值最大的那个类。

条件概率描述了两个有因果关系的随机事件之间的概率关系，$p(b|a)$定义为在事件a发生的前提下事件b发生的概率。贝叶斯公式阐明了两个随机事件之间的概率关系：

$$p(b|a) = \frac{p(a|b)p(b)}{p(a)}$$

这一结论可以推广到随机变量。分类问题中样本的特征值x与样本所属类型y具有因果关系。因为样本属于类型y，所以具有特征值x。如果要区分男性和女性，则选用的特征为脚的尺寸和身高。一般情况下，男性的脚比女性的脚大，身高相对较高。因为一个人是男性，才具有这样的特征。分类器要做的则相反，是在已知样本的特征值为x的条件下反推样本所属的类别。根据贝叶斯公式有

$$p(y|x) = \frac{p(x|y)p(y)}{p(x)}$$

只要知道特征向量的概率分布$p(x)$，每类出现的概率$p(y)$，以及每类样本的条件概率$p(x|y)$，就可以计算出样本属于每类的概率$p(y|x)$，分类问题只要预测类别，比较样本属于每类概率的大小，找出该值最大的那一类即可，因此可以忽略$p(x)$，因为它对所有类都是相同的。简化后分类器的判别函数为

$$\arg\max_y p(x|y)p(y)$$

实现贝叶斯分类器需要知道每类样本的特征向量所服从的概率分布。现实中的很多随机变量都近似服从正态分布，因此，常用正态分布来表示特征向量的概率分布。

贝叶斯分类器$a \in A$，$\theta \in S$及$P(\theta)$是一种生成模型。它通过使用类条件概率$p(x|y)$和类概率$p(y)$，将两者相乘得到联合概率$p(x,y)$，从而实现对联合概率的建模。

6.1.2 贝叶斯决策模型的定义

贝叶斯决策模型中的组成部分：$a \in A$、$\theta \in S$及$P(\theta)$。概率分布$P(\theta)$，$\theta \in S$表示决策者在观察试验结果前对自然状态θ发生可能性的估计。这一概率称为先验分布。

一个可能的试验集合E，$e \in E$，无情报试验e_0通常包括在集合E之内。

一个试验结果Z取决于试验e的选择，以Z_0表示的结果只能是无情报试验e_0的结果。

概率分布$P(Z/e,\theta)$，$z \in Z$表示在自然状态θ的条件下，进行e试验后发生z结果的概率。这一概率分布称为似然分布。

一个可能的后果集合C，$c \in C$及定义在后果集合C上的效用函数$u(e,Z,a,\theta)$。

每一后果$c = c(e,Z,a,\theta)$取决于e、Z、a和θ，故用$u(c)$形成一个复合函数$u\{(e,Z,a,\theta)\}$，并可写成$u(e,Z,a,\theta)$。

6.1.3 贝叶斯决策的常用方法

1. 层次分析法（AHP）

在社会、经济和科学管理等多个领域，人们经常需要面对由众多相互关联、相互制约的因素构成的复杂问题。为了更有效地解决这些问题，我们需要对它们进行层次化处理。所谓层次化，就是根据问题的本质特性和我们所追求的目标，将问题拆解为多个组成因素。接着，基于

这些因素之间的相互影响和隶属关系，我们将它们按照多个层次进行组织和整合，最终构建一个多层次的分析结构模型。

（1）层次分析模型。

最高层：解决问题的目的，即层次分析要达到的目标。

中间层：为实现目标所涉及的因素、准则和策略等。中间层可分为若干子层，如准则层、约束层和策略层等。

最低层：具体的备选方案、措施或政策，是最终决策的直接对象。

（2）层次分析法的基本步骤。

步骤1：建立层次结构模型。

经过对研究问题的细致剖析，可以将问题中的各类因素按照不同的层级进行分类，如划分为目标层、指标层及措施层等。为了直观地展现这些层次之间的递进结构和相邻两层因素之间的从属联系，我们会绘制出层次结构图。

步骤2：构造判断矩阵。

判断矩阵中的元素值反映了人们对各因素相对于目标重要性的主观认知。具体而言，在相邻的两个层级结构中，较高层级代表目标，而较低层级则代表影响该目标的各个因素。

步骤3：层次单排序及其一致性检验。

判断矩阵的特征向量经过归一化后即各因素关于目标的相对重要性的排序权值。利用判断矩阵的最大特征根，可求 CI 和 CR 的值，当 CR < 0.1 时，认为层次单排序的结果有满意的一致性；否则，需要调整判断矩阵的各元素的取值。

步骤4：层次总排序。

层次总排序是指计算某一层级中的各个因素相对于其上一层（直至最高层）所有因素的相对重要性的排序权值。这一计算过程是从最高层级（通常是总目标）开始，逐层向下进行，直至最低层级。因此，层次总排序实质上也是确定某一层级各因素相对于最高层级（总目标）的相对重要性的排序权值。

设上一层次 A 包含 m 个因素 $A_1, A_2, \cdots, A_m$，其层次总排序的权值分别为 $a_1, a_2, \cdots, a_m$；下一层次 B 包含 n 个因素 $B_1, B_2, \cdots, B_n$，它们对于因素 A_j（$j=1,2,\cdots,m$）的层次单排序权值分别为 $b_{1_j}, b_{2_j}, \cdots, b_{n_j}$（当 B_k 与 A_j 无联系时，$b_{k_j}=0$），则层次 B 的总排序权值可按表6-1计算。

表 6-1 层次 B 的总排序权值计算表

层次 B	A_1	$\cdots$	A_n	层次 B 的总排序权值
	a_1	$\cdots$	a_n	
B_1	b_{11}	$\cdots$	b_{1n}	$\sum a_j b_{1j}$
$\vdots$	$\vdots$	$\cdots$	$\vdots$	$\vdots$
B_n	b_{n1}	$\cdots$	b_{nn}	$\sum a_j b_{nj}$

层次总排序的一致性检验是一个逐层进行的过程，从最高层开始，一直向下进行到最低层。如果层次 B 中的若干因素对于上一层次中某一因素 A_j 的单排序一致性检验指标为 CI_j，相

应的平均随机一致性指标为 RI_j，则层次 B 的总排序随机一致性比率为 $\text{CR} = \dfrac{\sum_{j=1}^{m} a_j \text{CI}_j}{\sum_{j=1}^{m} a_j \text{RI}_j}$。类似地，当 CR < 0.01 时，认为层次总排序结果具有满意的一致性；否则，需要重新调整判断矩阵的元素值。

2. 盈亏转折分析法（又称平均值法）

盈亏转折分析法的精髓在于确定盈亏平衡的临界点 θ_b，在这个临界点上，所有行动的成本与收益达到均衡状态（成本与收益相等，各行动之间无优劣之分），故只能用于求解两行为问题。下面只对收益型问题推导该算法公式。费用型问题可以依次类推。

假设在第 i 个状态 θ_i 发生时两行为的收益函数分别为

$$Q_{i1} = m_1 \theta_i + b_1, \quad Q_{i2} = m_2 \theta_i + b_2 \quad (i = 1, 2, \cdots, m)$$

式中，$Q_{ij} \geq 0$，$\theta_i \geq 0$，其概率 $p_i \geq 0$（$i = 1, 2, \cdots, m$；$j = 1, 2$），且设问题有解，即 $\theta_b > 0$ 存在。在不失一般性的情况下，又为叙述方便，还设 $m_1 > m_2$（否则可调换两行为顺序标号），则必有 $b_1 < b_2$。根据盈亏转折点 θ_b 的概念，有下式成立：$Q_{i1} = Q_{i2}$，$m_1 \theta_b + b_1 = m_2 \theta_b + b_2$。

所以 $\theta_b = \dfrac{b_2 - b_1}{m_1 - m_2}$。另外，状态 θ_j 的均值记为 $\bar{\theta}$，并有 $\bar{\theta} = \sum_{i=1}^{m} \theta_i P_i$。

行为 j（$j = 1, 2$）的期望收益额为

$$\text{EMV}_j = \sum_{i=1}^{m} p_i (m_j \theta_i + b_j) = m_j \bar{\theta} + b_j, \quad j = 1, 2$$

要判断两行为的优劣，必须比较它们的期望收益值的大小。由于

$$\begin{aligned}
\text{EMV}_1 - \text{EMV}_2 &= \sum_{i=1}^{m} p_i (m_1 \theta_i + b_1) - \sum_{i=1}^{m} p_i (m_2 \theta_i + b_2) \\
&= \sum_{i=1}^{m} p_i [(m_1 - m_2) \theta_i + (b_1 - b_2)] = (m_1 - m_2) \sum_{i=1}^{m} p_i \theta_i + \sum_{i=1}^{m} p_i (b_1 - b_2) \\
&= (m_1 - m_2) \bar{\theta} + (b_1 - b_2) \times 1 = (m_1 - m_2) \left[\bar{\theta} - \dfrac{b_2 - b_1}{m_1 - m_2} \right] \\
&= (m_1 - m_2)(\bar{\theta} - \theta_b)
\end{aligned}$$

加上一开始假定的条件 $m_1 > m_2$，所以有下列结论：

当 $\bar{\theta} > \theta_b$ 时，$\alpha^* = \alpha_1$，$\text{EMV}^* = \text{EMV}_1$，$\text{EVPI}^{①} = \sum_{\theta_j < \theta_b} p_i (Q_{i2} - Q_{i1})$；

当 $\bar{\theta} < \theta_b$ 时，$\alpha^* = \alpha_2$，$\text{EMV}^* = \text{EMV}_2$，$\text{EVPI} = \sum_{\theta_j > \theta_b} p_i (Q_{i1} - Q_{i2})$；

当 $\bar{\theta} = \theta_b$ 时，两行为期望收益额相等（二者之差为零），故它们等价，无优劣之分。

费用型决策依次类推，结论正好同收益型决策问题相反：设行为 j（$j = 1, 2$）在状态 θ_i 发生时的费用支付函数 $V_{ij} = m_j \theta_i + b_j$（$i = 1, 2, \cdots, m$；$j = 1, 2$），且设 $\theta_i > 0$，$\theta_b > 0$ 存在和 $m_1 > m_2$ 等其他条件不变，则当 $\bar{\theta} < \theta_b$ 时，有 $\alpha^* = \alpha_1$，$\text{EMV}^* = \text{EMV}_1$，$\text{EVPI} = \sum_{\theta_j > \theta_b} p_i (V_{i1} - V_{i2})$。

---

① EVPI 为完全信息期望值。

当 $\bar{\theta} > \theta_b$ 时，有 $\alpha^* = \alpha_1$，$\text{EMV}^* = \text{EMV}_1$，$\text{EVPI} = \sum_{\theta_j < \theta_b} p_i(V_{i2} - V_{i1})$。

当 $\bar{\theta} = \theta_b$ 时，两行为无优劣之分。

3. 后验分析法

当获取到新的关于状态概率的信息时，如从市场信息中心购买到的关于某商品下一年需求量的数据，或者通过专家调查、抽样检验等手段获得的状态（如次品率）的样本概率，可以利用这些信息来更新原有的状态概率（也就是更新先验概率），从而得到后验概率。利用这些后验概率来进行贝叶斯决策，这种方法称为后验分析法。在修正概率的过程中，会涉及人力、物力和财力的投入。为了全面评估这些因素，后验分析法引入了"抽样情报期望价值"（EVSI）和"抽样条件下的净收益"（ENGS）这两个关键指标。

4. 决策树法

为了将决策方法以直观的方式展现，可以将其计算流程绘制成树状结构，即决策树。决策树由节点和分支构成，它作为一种可视化的工具，能够适用于各类决策方法。在决策树中，节点分为条件节点、决策节点及状态节点，它们分别用菱形、正方形和圆形来进行标识。条件节点代表着所需的条件成本，其数值对应菱形内部的数字。决策节点负责生成各种行动方案，并将最优方案的预期金额（无论是收益还是费用）记录在其内部。状态节点则对应着各种可能的状态，其内部的数字表示某一特定方案在某一状态下的预期金额。从决策节点和状态节点分别延伸出决策分支和状态分支，旁边的数字则分别代表着所选的决策方案和对应的状态概率。

6.2 贝叶斯分类方法

贝叶斯分类的特点可以归纳如下：①贝叶斯分类不采用硬性指派的方式将样本归类到某一类别，而通过计算得出该样本属于各个类别的概率，并选择概率最大的类别作为其所属类别。②在贝叶斯分类中，所有属性都直接或间接地参与分类过程，共同发挥作用，而不是仅仅依赖于一个或几个关键属性。③贝叶斯分类能够处理离散、连续或混合类型的属性，显示出广泛的适用性。特别是在处理大型数据库时，贝叶斯分类展现出了高准确率和高效率的优点。

贝叶斯方法也存在一些不足之处：①先验信息的使用是贝叶斯方法的一个关键步骤，但这些信息往往来源于经验或以前的实验结论，缺乏确定的理论依据。因此，先验信息的准确性和可靠性在很大程度上影响了贝叶斯方法的分类效果。在数据挖掘中，由于挖掘出的知识具有未知性，先验信息的正确性更加难以保证，从而增加了分类结果的不确定性。②贝叶斯方法在处理复杂数据时，需要进行大量计算，包括后验概率的计算、区间估计、假设检验等，这导致了较高的时间和空间消耗。

采用贝叶斯分类器必须满足以下两个条件：①分类的类别数是确定的，即分类任务具有明确的类别划分；②各类别的总体概率分布是已知的，这通常是基于训练数据集的统计结果得出的。

假设 $A_1, A_2, \cdots, A_n$ 是数据集的 n 个特征（属性），有 m 个类，$C = \{C_1, C_2, \cdots, C_m\}$ 给定一个具体的样本 X，其属性为 $\{a_1, a_2, \cdots, a_n\}$，这里 a_i 是属于 A_i 的具体取值，该样本属于某一个类 C_i 的后验概率是 $P(X|C_i)$，$c(X)$ 表示分类所得的类标签。贝叶斯分类器表示为

$$c(X) = \arg\max_{C_i \in C} P(C_i)P((a_1, a_2, \cdots, a_n)|C_i)$$

当预测样本 X 在给定属性条件下的后验概率达到最大时，所对应的类别即预测正确率最高的类别。在贝叶斯分类器中，朴素贝叶斯分类器是一种具有代表性的分类方法。朴素贝叶斯分类算法，尽管其设计简单，但在性能上却能与决策树和神经网络分类算法相媲美。为了进一步提升性能，朴素贝叶斯分类器得到了多种改进形式，如贝叶斯网络分类器（Bayesian Belief Network，BBN）、半朴素贝叶斯分类器（如树增强朴素贝叶斯分类模型 TAN）及平均单依赖估计（Averaged One-Dependence Estimators，AODE）等。

6.3 朴素贝叶斯分类器

朴素贝叶斯是贝叶斯分类算法家族中最为基础且广泛应用的成员，它建立在贝叶斯定理和特征条件相互独立的假设之上。该算法源自古典数学理论，拥有坚实的数学支撑，并展现出稳定的分类性能。从理论上讲，朴素贝叶斯分类算法相较于其他分类方法，具有实现最小误差率的潜力。

朴素贝叶斯分类器假设特征向量的分量之间相互独立，这种假设简化了问题求解的难度。给定样本的特征向量 $\boldsymbol{x}$，该样本属于某一类 c_i 的概率为

$$p(y=c_i|\boldsymbol{x}) = \frac{p(y=c_i)p(\boldsymbol{x}|y=c_i)}{p(\boldsymbol{x})}$$

由于假设特征向量各个分量相互独立，因此有

$$p(y=c_i|\boldsymbol{x}) = \frac{p(y=c_i)\prod_{j=1}^{n}p(x_i|y=c_i)}{Z}$$

式中，Z 为归一化因子。上式的分子可以分解为类概率 $p(c_i)$ 和该类每个特征分量的条件概率 $p(x_i|y=c_i)$ 的乘积。类概率 $p(c_i)$ 可以设置为每类样本都相等，或者设置为训练样本中每类样本所占的比重。例如，在训练样本中第一类占30%，第二类占70%，则可以设置第一类的概率为 0.3，第二类的概率为 0.7，剩下的问题是估计类条件概率值 $p(x_j|y=c_i)$，下面分离散型与连续型特征两种情况进行讨论。

6.3.1 离散型特征

当特征向量的各个分量属于离散型随机变量时，可以直接依据训练样本集来估算这些分量所服从的概率分布，也就是类条件概率。计算公式为

$$p(x_i=v|y=c) = \frac{N_{x_i=v,y=c}}{N_{y=c}}$$

式中，$N_{y=c}$ 为第 c 类训练样本数；$N_{x_i=v,y=c}$ 为第 c 类训练样本中，第 i 个特征取值为 v 的训练样本数，即统计每类训练样本中每个特征分量取每个值的频率，作为类条件概率的估计值。最后得到的判别函数为

$$\arg\max_y p(y=c)\prod_{i=1}^{n}p(x_i=v|y=c)$$

式中，$p(y=c)$ 为第 c 类样本在整个训练样本集中出现的概率，即类概率。其计算公式为

$$p(y=c) = \frac{N_{y=c}}{N}$$

式中，$N_{y=c}$ 为第 c 类训练样本的数量，N 为训练样本总数。

在类条件概率的计算公式中，如果 $N_{x_i=v,y=c}$ 为 0，即特征分量的某个取值在某一类训练样本中一次都不出现，则会导致预测样本的特征分量取到这个值时整个判别函数的值为 0。为了改进估算的准确性，可以采用拉普拉斯平滑技术作为一种补救措施。这种方法的具体操作是，在计算类条件概率时，给分子和分母都加上一个正数。若特征分量的取值有 k 种情况，则将分母加上 k（所有可能取值的数量），同时将每类的分子各自加上 1。这样的调整能够确保所有类条件概率之和仍然保持为 1，从而避免了因训练样本不足而导致概率为 0 的问题，并提高了概率估计的稳健性：

$$p(x_i = v \mid y=c) = \frac{N_{x_i=v,y=c}+1}{N_{y=c}+k}$$

对于待分类的样本，针对每个类别分别计算其各个特征分量的类条件概率，并将这些概率与对应的类别先验概率相乘（进行连乘运算），从而得到该样本属于每个类别的预测得分。最终，选择预测得分最高的类别作为该样本的分类结果。

6.3.2 连续型特征

如果特征向量的分量是连续型随机变量，则可以假设它们服从一维正态分布。根据训练样本集可以计算出正态分布的均值与方差，这可以通过最大似然估计得到。这样得到概率密度函数为

$$f(x_i \mid y=c) = \frac{1}{\sqrt{2\pi}\sigma}\exp(-\frac{(\boldsymbol{x}-\boldsymbol{\mu})^2}{2\sigma^2})$$

连续型随机变量不能计算它在某一点的概率，因为它在任何一点处的概率为 0。直接用概率密度函数的值作为概率值，得到的分类器为

$$\arg\max_c p(y=c)\prod_{i=1}^n f(x_i \mid y=c)$$

对于二分类问题可以做进一步简化。假设正、负样本的类别标签分别为 +1 和 -1，特征向量属于正样本的概率为

$$p(y=+1 \mid \boldsymbol{x}) = p(y=+1)\frac{1}{Z}\prod_{i=1}^n \frac{1}{\sqrt{2\pi}\sigma_i}\exp(-\frac{(x_i-\mu_i)^2}{2\sigma_i^2})$$

式中，Z 为归一化因子，μ_i 为第 i 个特征的均值，σ_i 为第 i 个特征的标准差。对上式两边取对数得

$$\ln p(y=+1 \mid \boldsymbol{x}) = \ln\frac{p(y=+1)}{Z} - \prod_{i=1}^n \ln(\frac{1}{\sqrt{2\pi}\sigma_i})\frac{(x_i-\mu_i)^2}{2\sigma_i^2}$$

整理简化得

$$\ln p(y=+1 \mid \boldsymbol{x}) = \sum_{i=1}^n c_i(x_i-\mu_i)^2 + c$$

式中，c 和 c_i 都是常数，c_i 仅由 σ_i 决定。同样可以得到样本属于负样本的概率。在分类时只需要比较这两个概率对数值的大小，如果

$$\ln p(y=+1|\boldsymbol{x}) > \ln p(y=-1|\boldsymbol{x})$$

变形后得到

$$\ln p(y=+1|\boldsymbol{x}) - \ln p(y=-1|\boldsymbol{x}) > 0$$

时将样本判定为正样本，否则将样本判定为负样本。

6.4 正态贝叶斯分类器

当考虑更为普遍的情况，即假设样本的特征向量遵循多维正态分布时，此时的贝叶斯分类器就称为正态贝叶斯（Normal Bayes）分类器。

6.4.1 训练算法

假设特征向量服从 n 维正态分布，其中 $\boldsymbol{\mu}$ 为均值向量，$\boldsymbol{\Sigma}$ 为协方差矩阵。类条件概率密度函数为

$$p(\boldsymbol{x}|c) = \frac{1}{(2\pi)^{\frac{n}{2}} |\boldsymbol{\Sigma}|^{\frac{1}{2}}} \exp(-\frac{1}{2}(\boldsymbol{x}-\boldsymbol{\mu})^{\mathrm{T}} \boldsymbol{\Sigma}^{-1}(\boldsymbol{x}-\boldsymbol{\mu}))$$

式中，$\boldsymbol{\Sigma}$ 为协方差矩阵的行列式，$\boldsymbol{\Sigma}^{-1}$ 为协方差矩阵的逆矩阵。图 6-1 所示为二维正态分布的概论密度函数。

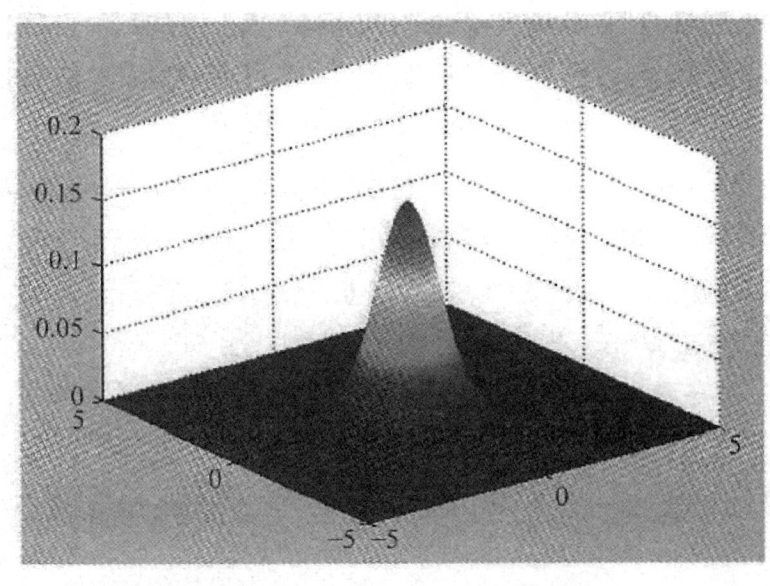

图 6-1 二维正态分布的概论密度函数

在接近均值处，概率密度函数的值大；在远离均值处，概率密度函数的值小。在正态贝叶斯分类器的训练阶段，会利用训练样本集来估算每一类别下条件概率密度函数的均值向量和协方差矩阵。此外，为了后续的分类计算，还需要进一步计算出协方差矩阵的行列式及其逆矩阵。由于协方差矩阵具有实对称矩阵的特性，这意味着它必然可以被对角化，因此可以巧妙地利用奇异值分解（SVD）这一数学方法，来高效地求解协方差矩阵的行列式及其逆矩阵。对协

方差矩阵进行奇异值分解,有

$$\pmb{\Sigma} = \pmb{UWU}^{\mathrm{T}}$$

式中,$\pmb{W}$ 为对角阵,其对角元素为矩阵的特征值;$\pmb{U}$ 为正交矩阵,它的列为协方差矩阵的特征值对应的特征向量。计算 $\pmb{\Sigma}$ 的逆矩阵可以借助该分解:

$$\pmb{\Sigma}^{-1} = (\pmb{UWU}^{-1})^{-1} = \pmb{UW}^{-1}\pmb{U}^{-1} = \pmb{UW}^{-1}\pmb{U}^{\mathrm{T}}$$

对角矩阵的逆矩阵仍然为对角矩阵,其存在条件是对角矩阵的主对角元全不为零,此时逆矩阵的主对角元为原矩阵主对角元的倒数;正交矩阵的逆矩阵为其转置矩阵。根据上式可以很方便地计算出逆矩阵 $\pmb{\Sigma}^{-1}$;行列式 $|\pmb{\Sigma}|$ 也很容易被算出,由于正交矩阵的行列式的绝对值为1,因此,它的行列式的绝对值等于矩阵 $\pmb{W}$ 的行列式的绝对值,而 $\pmb{W}$ 的行列式又等于所有对角元素的乘积。

还有一个没有解决的问题是,如何根据训练样本估计出正态分布的均值向量和协方差矩阵?通过最大似然估计和矩估计都可以得到正态分布的这两个参数。样本的均值向量就是均值向量的估计值,样本的协方差矩阵就是协方差矩阵的估计值。

6.4.2 预测算法

在预测时需要寻找具有最大条件概率的那个类,即最大化后验概率,根据贝叶斯公式有

$$\operatorname{argmax}_c(p(c|\pmb{x})) = \operatorname{argmax}_c\left(\frac{p(c)p(\pmb{x}|c)}{p(\pmb{x})}\right)$$

假设每个类的概率 $p(c)$ 相等,$p(\pmb{x})$ 对于所有类都是相等的,因此,等价于求解该问题:

$$\operatorname{argmax}_c(p(\pmb{x}|c))$$

也就是计算每个类的 $p(\pmb{x}|c)$ 值,然后取最大的那个。对 $p(\pmb{x}|c)$ 取对数,有

$$\ln(p(\pmb{x}|c)) = \ln\left(\frac{1}{(2\pi)^{\frac{n}{2}}|\pmb{\Sigma}|^{\frac{1}{2}}}\right) - \frac{1}{2}((\pmb{x}-\pmb{\mu})^{\mathrm{T}}\pmb{\Sigma}^{-1}(\pmb{x}-\pmb{\mu}))$$

进一步简化为

$$\ln(p(\pmb{x}|c)) = -\frac{n}{2}\ln(2\pi) - \frac{1}{2}\ln(|\pmb{\Sigma}|) - \frac{1}{2}((\pmb{x}-\pmb{\mu})^{\mathrm{T}}\pmb{\Sigma}^{-1}(\pmb{x}-\pmb{\mu}))$$

式中,$-\frac{n}{2}\ln(2\pi)$ 是常数,对所有类都是相同的。求上式的最大值等价于求下式的最小值:

$$\ln(|\pmb{\Sigma}|) + (\pmb{x}-\pmb{\mu})^{\mathrm{T}}\pmb{\Sigma}^{-1}(\pmb{x}-\pmb{\mu})$$

式中,$\ln(|\pmb{\Sigma}|)$ 可以根据每类的训练样本预先计算好,与 $\pmb{x}$ 无关,不用重复计算。预测时只需要根据样本 $\pmb{x}$ 计算 $(\pmb{x}-\pmb{\mu})^{\mathrm{T}}\pmb{\Sigma}^{-1}(\pmb{x}-\pmb{\mu})$ 的值,而 $\pmb{\Sigma}^{-1}$ 也是在训练时计算好的,不用重复计算。

下面考虑更特殊的情况,问题可以进一步简化。如果协方差矩阵为对角矩阵 $\sigma^2 \pmb{I}$,上面的值可以写成:

$$\ln(p(\pmb{x}|c)) = -\frac{n}{2}\ln(2\pi) - 2n\ln(\sigma) - \frac{1}{2}\left(\frac{1}{\sigma^2}(\pmb{x}-\pmb{\mu})^{\mathrm{T}}(\pmb{x}-\pmb{\mu})\right)$$

其中

$$\ln(|\pmb{\Sigma}|) = \ln\sigma^{2n} = 2n\ln\sigma$$

$$\Sigma^{-1} = \frac{1}{\sigma^2} I$$

对于二分类问题，如果两个类的协方差矩阵相等，则判别函数是线性函数：

$$\text{sgn}(\boldsymbol{w}^\text{T}\boldsymbol{x}+b)$$

这与朴素贝叶斯分类器的情况是一样的。如果协方差矩阵是对角矩阵，则 Σ^{-1} 同样是对角矩阵，上面的公式同样可以简化，这里不再详细讨论。

6.5 贝叶斯分类器案例

朴素贝叶斯分类器开发流程如下。
（1）收集数据：可以使用任何方法。
（2）准备数据：需要数值型或布尔型数据。
（3）分析数据：有大量特征时，绘制特征图作用不大，此时使用直方图效果更好。
（4）训练算法：计算不同的独立特征的条件概率。
（5）测试算法：计算错误率。
（6）使用算法：一个常见的朴素贝叶斯应用是文档分类，可以在任意的分类场景中使用朴素贝叶斯分类器，并不局限于文本领域。

正态贝叶斯分类器的优点在于，即便在数据量相对较少的情况下，它仍然能够展现出良好的分类效果，并且有能力处理涉及多个类别的分类问题。然而，该算法的不足之处在于，它对输入数据的预处理方式较为敏感，即数据的准备方式会显著影响其性能。因此，正态贝叶斯分类器更适合应用于特定类型的数据，尤其是标称型数据，这类数据通常以离散的类别标签或符号形式出现。

案例：基于贝叶斯算法的屏蔽社区留言板的侮辱性言论。
（1）创建数据集。

```python
def loadDataSet():
    """
    创建数据集:
    :return: 单词列表postingList, 所属类别classVec
    """
    postingList = [['my', 'dog', 'has', 'flea', 'problems', 'help', 'please'],  #[0,0,1,1,1…]
                   ['maybe', 'not', 'take', 'him', 'to', 'dog', 'park', 'stupid'],
                   ['my', 'dalmation', 'is', 'so', 'cute', 'I', 'love', 'him'],
                   ['stop', 'posting', 'stupid', 'worthless', 'garbage'],
                   ['mr', 'licks', 'ate', 'my', 'steak', 'how', 'to', 'stop', 'him'],
                   ['quit', 'buying', 'worthless', 'dog', 'food', 'stupid']]
    classVec = [0, 1, 0, 1, 0, 1]  # 1 is abusive, 0 not
    return postingList, classVec
```

```python
def createVocabList(dataSet):
    """
    获取所有单词的集合
    :param dataSet: 数据集
    :return: 所有单词的集合（不含重复元素的单词列表）
    """
    vocabSet = set([])                          # create empty set
    for document in dataSet:
        # 操作符 | 用于求两个集合的并集
        vocabSet = vocabSet | set(document)     # union of the two sets
    return list(vocabSet)
```

（2）构建词向量。

```python
def setOfWords2Vec(vocabList, inputSet):
    """
    遍历查看该单词是否出现，出现该单词则将该单词置1
    :param vocabList: 所有单词集合列表
    :param inputSet: 输入数据集
    :return: 匹配列表[0,1,0,1…]，其中 1 与 0 表示词汇表中的单词是否出现在输入的数据集中
    """
    # 创建一个与词汇表等长的向量，并将其元素都设置为0
    returnVec = [0] * len(vocabList)# [0,0…]
    # 遍历文档中的所有单词，如果出现了词汇表中的单词，则将输出的文档向量中的对应值设为1
    for word in inputSet:
        if word in vocabList:
            returnVec[vocabList.index(word)] = 1
        else:
            print("the word: %s is not in my Vocabulary!" % word)
    return returnVec
```

（3）训练数据。

```python
def trainNB0(trainMatrix, trainCategory):
    """
    训练数据优化版本
    :param trainMatrix: 文件单词矩阵
    :param trainCategory: 文件对应的类别
    :return:
    """
    # 总文件数
    numTrainDocs = len(trainMatrix)
    # 总单词数
    numWords = len(trainMatrix[0])
    # 侮辱性文件的出现概率
    pAbusive = sum(trainCategory) / float(numTrainDocs)
    # 构造单词出现次数列表
    # p0Num 正常的统计
```

```python
        # p1Num 侮辱的统计
        # 避免单词列表中的任何一个单词为0，而导致最后的乘积为0，所以将每个单词的出现次数初始化为1
        p0Num = ones(numWords)#[0,0…]->[1,1,1,1,1…]
        p1Num = ones(numWords)

        # 整个数据集单词出现总数，2.0根据样本/实际调查结果调整分母的值（2 主要是避免分母为0，当然值可以调整）
        # p0Denom 正常的统计
        # p1Denom 侮辱的统计
        p0Denom = 2.0
        p1Denom = 2.0
        for i in range(numTrainDocs):
            if trainCategory[i] == 1:
                # 累加辱骂词的频次
                p1Num += trainMatrix[i]
                # 对每篇文章的辱骂频次进行统计汇总
                p1Denom += sum(trainMatrix[i])
            else:
                p0Num += trainMatrix[i]
                p0Denom += sum(trainMatrix[i])
        # 类别1，即侮辱性文档的[log(P(F1|C1)),log(P(F2|C1)),log(P(F3|C1)),log(P(F4|C1)),log(P(F5|C1))…]列表
        p1Vect = log(p1Num / p1Denom)
        # 类别0，即正常文档的[log(P(F1|C0)),log(P(F2|C0)),log(P(F3|C0)),log(P(F4|C0)),log(P(F5|C0))…]列表
        p0Vect = log(p0Num / p0Denom)
        return p0Vect, p1Vect, pAbusive

    def classifyNB(vec2Classify, p0Vec, p1Vec, pClass1):
        """
```

（4）使用算法。

```
        # 将乘法转换为加法
        乘法：P(C|F1F2…Fn) = P(F1F2…Fn|C)P(C)/P(F1F2…Fn)
        加法：P(F1|C)*P(F2|C)…P(Fn|C)P(C) -> log(P(F1|C))+log(P(F2|C))+…+log(P(Fn|C))+log(P(C))
        :param vec2Classify: 待测数据[0,1,1,1,1…]，即要分类的向量
        :param p0Vec: 类别0，即正常文档的[log(P(F1|C0)),log(P(F2|C0)),log(P(F3|C0)),log(P(F4|C0)),log(P(F5|C0))…]列表
        :param p1Vec: 类别1，即侮辱性文档的[log(P(F1|C1)),log(P(F2|C1)),log(P(F3|C1)),log(P(F4|C1)),log(P(F5|C1))…]列表
        :param pClass1: 类别1，侮辱性文件的出现概率
        :return: 类别1 or 0
        """
        # 计算公式  log(P(F1|C))+log(P(F2|C))+…+log(P(Fn|C))+log(P(C))
        # 使用 NumPy 数组来计算两个向量相乘的结果，这里的相乘是指对应元素相乘，即先将两个向量
```

中的第一个元素相乘，再将第 2 个元素相乘，以此类推
        # 这里的 vec2Classify * p1Vec 的意思就是将每个词与其对应的概率相关联起来
        # 可以理解为单词在词汇表中的条件下，文件是 good 类别的概率，也可以理解为在整个空间下，文件既在词汇表中又是 good 类别的概率
        p1 = sum(vec2Classify * p1Vec) + log(pClass1)
        p0 = sum(vec2Classify * p0Vec) + log(1.0 - pClass1)
        if p1 > p0:
            return 1
        else:
            return 0

    def bagOfWords2VecMN(vocabList, inputSet):
        returnVec = [0] * len(vocabList)
        for word in inputSet:
            if word in vocabList:
                returnVec[vocabList.index(word)] += 1
        return returnVec

    def testingNB():
        """
        测试朴素贝叶斯算法
        """
        # 1. 加载数据集
        listOPosts, listClasses = loadDataSet()
        # 2. 创建单词集合
        myVocabList = createVocabList(listOPosts)
        # 3. 计算单词是否出现并创建数据矩阵
        trainMat = []
        for postinDoc in listOPosts:
            # 返回 m*len(myVocabList) 的矩阵，记录的都是 0，1 信息
            trainMat.append(setOfWords2Vec(myVocabList, postinDoc))
        # 4. 训练数据
        p0V, p1V, pAb = trainNB0(array(trainMat), array(listClasses))
        # 5. 测试数据
        testEntry = ['love', 'my', 'dalmation']
        thisDoc = array(setOfWords2Vec(myVocabList, testEntry))
        print(testEntry, 'classified as: ', classifyNB(thisDoc, p0V, p1V, pAb))
        testEntry = ['stupid', 'garbage']
        thisDoc = array(setOfWords2Vec(myVocabList, testEntry))
        print(testEntry, 'classified as: ', classifyNB(thisDoc, p0V, p1V, pAb))

    if __name__ == "__main__":
        testingNB()
```
```

最终测试结果如图 6-2 所示。

```
D:\python\test\venv\Scripts\python.exe D:/python/test/main.py
['love', 'my', 'dalmation'] classified as:  0
['stupid', 'garbage'] classified as:  1

Process finished with exit code 0
```

图 6-2　最终测试结果

图 6-2 中，分类 0 为非敏感性词汇，分类 1 为敏感性词汇。

第 7 章　数据降维

在机器学习领域，数据降维是一个关键过程，它旨在通过特定的映射技术，将原本存在于高维空间的数据点转换到低维空间中。这一过程的核心在于学习一个映射函数，该函数能够将原始的高维数据点有效地映射为低维向量表示。这个映射函数可以具有显式或隐式的形式，并且可以是线性的，也可以是非线性的。当前，大多数的降维算法主要处理的是以向量形式表达的数据，但也有一些先进的降维算法能够处理更为复杂的高阶张量数据。数据降维的目标清晰明确，旨在用数量较少的变量来替代原本庞大的变量集合，以此整合重复信息。这一过程不仅缩减了变量的维度，还确保了关键信息的完整性不被丢失。在原始的高维数据空间中，冗余信息和噪声信息的存在可能会在实际应用中引发误差，进而削弱模型训练的准确性。而通过降维处理，我们能够揭示数据内部的本质结构，有效削弱由冗余信息和噪声信息所带来的误差影响，从而显著提升应用中的精确度。从更直观的角度来看，数据降维不仅简化了计算过程，还为可视化分析提供了便利。因此，数据降维的更深层次意义在于，它实现了对数据有效信息的精准提取与综合，同时摒弃了无用信息。在许多实际应用场景中，向量的维数往往非常高，这使得数据降维成为一项至关重要的预处理步骤。处理高维向量不仅给算法带来挑战，而且不便于可视化，另外还会面临维数灾难问题。降低向量的维数是数据分析中一种常用的手段。接下来，将介绍经典的线性降维方法——主成分分析（Principal Component Analysis，PCA）、线性判别分析（Linear Discriminant Analysis，LDA）、局部线性嵌入（Locally Linear Embedding，LLE）、拉普拉斯特征映射（Laplacian Eigenmaps）。

7.1　主成分分析

在有些应用中向量的维数非常高。以图像数据为例，对于高度和宽度都为 100 像素的图像，如果将所有像素值拼接起来形成一个向量，那么这个向量的维数是 10000。通常，向量的各个分量间可能存在一定的相关性，这会导致直接将向量输入机器学习算法时处理效率低下，并可能影响算法的准确性。为了更有效地进行数据可视化及提升算法性能，需要将向量转换到低维空间中。PCA 便是一种旨在实现这一目标的有效方法。它有助于降低向量的维度，同时消除各分量间的相关性，从而优化数据处理效率和算法精度。

PCA 是一种极为常用的线性降维技术，其核心思想在于通过线性变换，将原本位于高维空间的数据点投影到一个较低维的空间中。这一过程的目的是在减少数据维度的同时，尽可能保留原始数据中的关键信息。具体来说，PCA 希望投影后的数据在新的维度上具有最大的方差，因为方差大意味着数据点在这个维度上更加分散，从而能够保留更多的原始数据特性。

试想一下，如果把所有的数据点都映射到同一个位置，那么原始数据中的大部分信息，如点与点之间的距离和分布关系都会丢失。相反，如果映射后的数据在各个维度上的方差都尽可能大，那么数据点就会在新的低维空间中更加分散，从而能够保留更多的原始数据的结构和信息。

从数学角度可以证明，PCA 是一种在给定线性降维的条件下，丢失原始数据信息最少的方法。换句话说，PCA 找到的投影方式是在所有可能的线性投影中，最接近原始数据的一种。然而，值得注意的是，PCA 主要关注的是数据的方差特性，而并不试图深入探索数据的内在结构或模式。

简而言之，PCA 通过最大化投影后的方差来保留原始数据的关键信息，同时降低数据的维度。这种方法虽然有效，但它主要侧重于数据的统计特性，而不涉及数据可能存在的更深层次的内在结构。

7.1.1 数据降维方法

假设 n 维的向量 w 为目标子空间的一个坐标轴方向，于是便可以得到最大化数据映射后的方差为如下公式：

$$\max_{w} \frac{1}{m-1} \sum_{i=1}^{m} (w^{\mathrm{T}}(x_i - \bar{x}))^2$$

式中，m 表示原始数据样本的个数，x_i 表示数据样本 i 的向量表达，$\bar{x}$ 表示所有数据样本的平均向量。通过定义 w 为包含所有映射向量为列向量的矩阵以后，只要经过线性代数变换，就可以得到如下的优化目标函数：

$$\min_{w} \mathrm{tr}(w^{\mathrm{T}} A w), \quad w^{\mathrm{T}} w = I$$

式中，tr 表示矩阵的迹，A 表示原始数据的协方差矩阵，该协方差矩阵可由如下公式表示：

$$A = \frac{1}{m-1} \sum_{i=1}^{m} (x_i - \bar{x})(x_i - \bar{x})^{\mathrm{T}}$$

通过上述的式子可以观察到，最优的 w 是由数据协方差矩阵前 k 个最大的特征值对应的特征向量作为列向量构成的。这些特征向量形成了一组正交基并且可以最好地保留数据中的信息。而 PCA 方法最终的输出也会将原始数据的维度降低到 k 维。

PCA 是一种数据降维和去除相关性的方法，它通过线性变换将向量投影到低维空间。对向量进行投影就是对向量左乘一个矩阵，得到结果向量：

$$y = wx$$

在这里，结果向量的维数小于原始向量的维数。降维要确保的是在低维空间中的投影能很好地近似表达原始向量，即重构误差最小化。图 7-1 所示为主成分投影示意图。

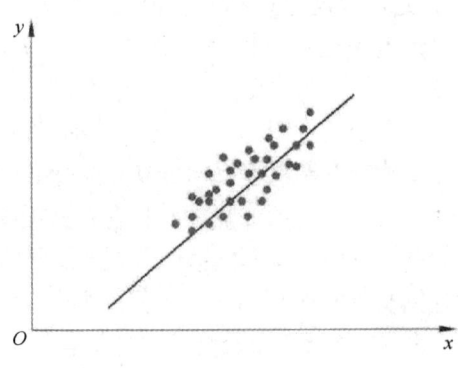

图 7-1 主成分投影示意图

在图 7-1 中样本用点表示，倾斜的直线是它们的主要变化方向。将数据投影到这条直线上即能完成数据的降维，把数据从二维降为一维。

7.1.2 计算投影矩阵

核心问题在于如何确定投影矩阵，这与其他机器学习算法类似，都是通过优化特定的目标函数来实现的。首先考虑最简单的情况，将向量投影到一维空间，然后推广到一般情况。假设有 n 个 d 维向量 $\boldsymbol{x}_i$，如果要用一个向量 $\boldsymbol{x}_0$ 来近似代替它们，那么这个向量取什么值的时候近似代替的误差最小呢？如果用均方误差作为标准，就是要最小化如下函数：

$$L(\boldsymbol{x}_0) = \sum_{i=1}^{n} \|\boldsymbol{x}_i - \boldsymbol{x}_0\|^2$$

显然，问题的最优解是这些向量的均值：

$$\boldsymbol{m} = \frac{1}{n}\sum_{i=1}^{n} \boldsymbol{x}_i$$

证明很简单。为了求上面这个目标函数的极小值，对它求梯度并令梯度等于 0，可以得到

$$\nabla L(\boldsymbol{x}_0) = \sum_{i=1}^{n} 2(\boldsymbol{x}_0 - \boldsymbol{x}_i) = 0$$

解这个方程即可得到上面的结论。只用均值代表整个样本集过于简单，误差太大。作为改进，可以将每个向量表示成均值向量和另一个向量的和。

$$\boldsymbol{x}_i = \boldsymbol{m} + a_i \boldsymbol{e}$$

式中，$\boldsymbol{e}$ 为单位向量，a_i 为标量。上面这种表示相当于把向量投影到一维空间，坐标就是 a_i。

当 $\boldsymbol{e}$ 和 a_i 取什么值的时候，这种近似表达的误差最小？这相当于最小化如下误差函数：

$$L(a,\boldsymbol{e}) = \sum_{i=1}^{n} \|\boldsymbol{m} + a_i \boldsymbol{e} - \boldsymbol{x}_i\|^2$$

为了求这个函数的极小值，对 a_i 求偏导数并令其为 0 可以得到：

$$2\boldsymbol{e}^{\mathrm{T}}(\boldsymbol{m} + a_i \boldsymbol{e} - \boldsymbol{x}_i) = 0$$

变形后得到：

$$a_i \boldsymbol{e}^{\mathrm{T}} \boldsymbol{e} = \boldsymbol{e}^{\mathrm{T}}(\boldsymbol{x}_i - \boldsymbol{m})$$

由于 $\boldsymbol{e}$ 为单位向量，因此 $\boldsymbol{e}^{\mathrm{T}}\boldsymbol{e} = 1$，最后得到：

$$a_i = \boldsymbol{e}^{\mathrm{T}}(\boldsymbol{x}_i - \boldsymbol{m})$$

这就是样本和均值的差对向量 $\boldsymbol{e}$ 做投影。现在的问题是 $\boldsymbol{e}$ 的值如何被确定。定义如下散布矩阵：

$$\boldsymbol{S} = \sum_{i=1}^{n}(\boldsymbol{x}_i - \boldsymbol{\mu})(\boldsymbol{x}_i - \boldsymbol{\mu})^{\mathrm{T}}$$

它是协方差矩阵的 n 倍，协方差矩阵的计算公式为

$$\boldsymbol{\Sigma} = \frac{1}{n}\sum_{i=1}^{n}(\boldsymbol{x}_i - \boldsymbol{\mu})(\boldsymbol{x}_i - \boldsymbol{\mu})^{\mathrm{T}}$$

将上面求得的 a_i 代入目标函数中，得到只有向量 $\boldsymbol{e}$ 的函数：

$$L(e) = \sum_{i=1}^{n}(a_i e + m - x_i)^\mathrm{T}(a_i e + m - x_i)$$

$$= \sum_{i=1}^{n}((a_i e)^\mathrm{T} a_i e + 2(a_i e)^\mathrm{T}(m - x_i) + (m - x_i)^\mathrm{T}(m - x_i))$$

$$= \sum_{i=1}^{n} a_i^2 - 2\sum_{i=1}^{n} a_i^2 + \sum_{i=1}^{n}(m - x_i)^\mathrm{T}(m - x_i)$$

$$= -\sum_{i=1}^{n}(e^\mathrm{T}(x_i - m))^2 + \sum_{i=1}^{n}(m - x_i)^\mathrm{T}(m - x_i)$$

$$= -\sum_{i=1}^{n}(e^\mathrm{T}(x_i - m)(x_i - m)^\mathrm{T} e)^2 + \sum_{i=1}^{n}(m - x_i)^\mathrm{T}(m - x_i)$$

$$= -e^\mathrm{T} S e + \sum_{i=1}^{n}(m - x_i)^\mathrm{T}(m - x_i)$$

上式的后半部分与 e 无关，由于 e 为单位向量，因此有 $\|e\|=1$ 的约束，这个约束条件可以写成 $e^\mathrm{T} e = 1$，我们要求解的是一个带等式约束的极值问题，可以使用拉格朗日乘数法。构造拉格朗日函数：

$$L(e, \lambda) = -e^\mathrm{T} S e + \lambda(e^\mathrm{T} e - 1)$$

对 e 求梯度并令其为 0 可以得到：

$$-2Se + 2\lambda e = 0$$

即

$$Se = \lambda e$$

式中，λ 为散度矩阵的特征值，e 为散度矩阵对应的特征向量，因此，上面的最优化问题可以归结为矩阵的特征值和特征向量问题。矩阵 S 是实对称半正定矩阵，因此，一定可以对角化，并且所有特征值非负。事实上，对于任意的非零向量 x，有

$$x^\mathrm{T} S x = x^\mathrm{T}(\sum_{i=1}^{n}(x_i - \mu)(x_i - \mu)^\mathrm{T}) x$$

$$= \sum_{i=1}^{n} x^\mathrm{T}(x_i - \mu)(x_i - \mu)^\mathrm{T} x$$

$$= \sum_{i=1}^{n}(x^\mathrm{T}(x_i - \mu))(x^\mathrm{T}(x_i - \mu))^\mathrm{T} \geq 0$$

因此，这个矩阵是半正定的。这里需要最大化 $e^\mathrm{T} S e$ 的值，由于：

$$e^\mathrm{T} S e = \lambda e^\mathrm{T} e = \lambda$$

因此，λ 为散度矩阵最大的特征值时，$e^\mathrm{T} S e$ 有极大值，目标函数取得极小值。将上述结论从一维推广到 d' 维，每个向量可以表示成

$$x = m + \sum_{i=1}^{d'} a_i e_i$$

在这里 e_i 为单位向量。误差函数变成：

$$L = \sum_{i=1}^{n} \left\| m + \sum_{j=1}^{d'} a_j e_j - x_i \right\|^2$$

可以证明，使得该函数取最小值的 e_j 为散度矩阵最大的 d' 个特征值对应的单位长度特征向量，

即求解下面的优化问题：

$$\min_{W} \text{tr}(W^\text{T} SW)$$

$$W^\text{T} W = I$$

式中，tr 为矩阵的迹。矩阵 W 的列 e_j 是要求解的基向量。散度矩阵是实对称矩阵，表示不同特征值的特征向量之间相互正交。前面已经证明这个矩阵是半正定的，特征值非负。这些特征向量构成一组基向量，可以用它们的线性组合来表达向量 x。从另外一个角度来看，这种变换将协方差矩阵对角化，相当于去除了各分量之间的相关性。

从上面的推导过程可以得到计算投影矩阵的流程如下。

（1）计算样本集的均值向量，将所有向量减去均值，这被称为白化。

（2）计算样本集的协方差矩阵。

（3）对协方差矩阵进行特征值分解，得到所有特征值与特征向量。

（4）将特征值从大到小排序，保留最大的一部分特征值对应的特征向量，以它们为行，形成投影矩阵。

具体保留多少个特征值由投影后的向量维数决定。使用协方差矩阵和使用散度矩阵是等价的，因为后者是前者的 n 倍，而矩阵 A 和 nA 有相同的特征向量。

7.1.3 向量降维

得到投影矩阵之后可以进行向量降维，将其投影到低维空间。向量投影的流程如下。

（1）将样本减掉均值向量。

（2）左乘投影矩阵，得到降维后的向量。

7.1.4 向量重构

向量重构是指根据投影后的向量重构原始向量，与向量投影的作用和过程相反。向量重构的流程如下。

（1）输入向量左乘投影矩阵的转置矩阵。

（2）加上均值向量，得到重构后的结果。

从上面的推导过程可以看到，在计算过程中没有使用样本标签值，因此，PCA 是一种无监督学习算法。除了标准算法它还有多个变种，如稀疏 PCA、核 PCA、概率 PCA 等。

7.2 线性判别分析

7.2.1 线性判别分析原理

线性判别分析（LDA）是一种有监督的线性降维技术，其目标不同于 PCA 的保留数据信息，而是旨在使降维后的数据点能够更加清晰地被区分开来。LDA 作为统计学中的一项经典方法，广泛应用于多个领域，包括医学上的患者疾病分类、经济学中的市场定位与产品管理、市场研究、人脸识别及机器学习等。通过 LDA，研究人员能够更有效地从高维数据中提取最具判别力的特征，从而为后续的分析和决策提供更坚实的基础。

LDA 是一种具备分类能力的算法，它依赖于事先已分类的数据进行训练，以构建判别模型，因此，LDA 被归类为监督学习算法。LDA 的核心策略是投影，具体而言，它将 n 维数据映射至一个低维空间。在这一投影过程中，LDA 力求实现的目标是，在投影后的低维空间中，不同类别之间的数据点能够尽可能地相互分离，即达到最佳的类别可分性。这一可分性的度量标准为，在新的子空间中，类别之间的距离达到最大，而同一类别内的数据点则尽可能紧凑，即类内距离最小化。通过这样的投影处理，LDA 能够更有效地从数据中提取分类信息，从而提升分类的准确性和效率。

LDA 的目标是求出使新的子空间有最大的类间距离和最小的类内距离的向量 a，构造出判别模型。形象地理解，如图 7-2 所示，圆点和方块分别代表两个类别的数据，它们是二维的，取二维空间中的任一个向量，做各点到该向量的投影，可以看到，右图比左图投影后的分类效果好。图 7-3 所示为三维空间各点到二维空间的投影，可以看到左图比右图分类效果好。有时需要根据实际情况选择投影到几维才能实现最好的分类效果。

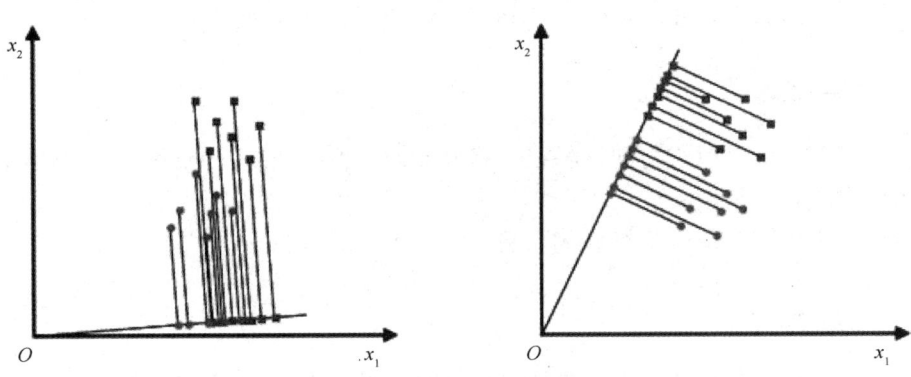

图 7-2　二维各点到该向量的投影

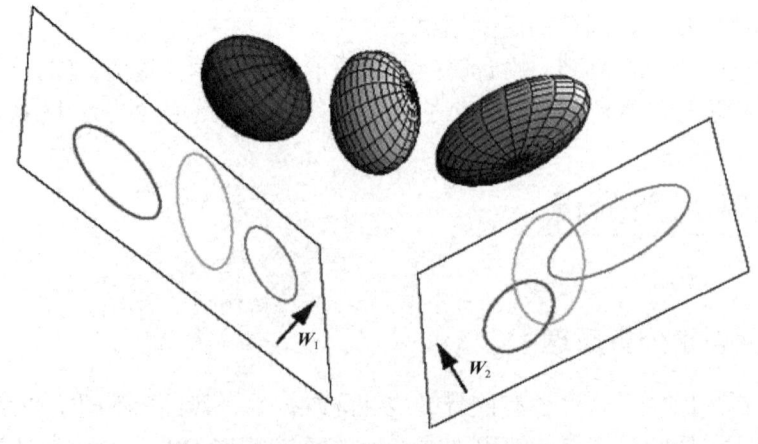

图 7-3　三维空间各点到二维空间的投影

7.2.2 构造判别模型的过程

1. 投影

设 n 维数据样本集 $X = \{x_i \mid i = 1, 2, \cdots, j\}$，这 j 个样本可以分为 k 个类别 $X_1, X_2, \cdots, X_k$。令 w 为 n 维空间中的任一向量，则样本 x_i 在 w 上的投影为 $w^T x_i$，得到的是一维数据。

2. 计算投影后的类内距离与类间距离

计算投影后的类内距离与类间距离都利用了方差分析的思想，如下。

类内距离：

$$E_0 = \sum_{t=1}^{k} \sum_{x \in X_t} (w^T x - w^T \overline{X_t})^2$$

式中，$\overline{X_t}$ 表示 X_t 中的样本未投影前的平均。

整理得

$$E_0 = w^T E w$$

式中，矩阵 $E = \sum_{t=1}^{k} \sum_{x \in X_t} (x - \overline{X_t})(x - \overline{X_t})^T$。

类间距离：

$$B_0 = \sum_{t=1}^{k} n_t (w^T \overline{X_t} - w^T \overline{X})^2$$

式中，$\overline{X}$ 表示所有样本未投影前的平均，n_t 表示 X_t 中的样本数。

整理得

$$B_0 = w^T B w$$

式中，矩阵 $B = \sum_{t=1}^{k} n_t (\overline{X_t} - \overline{X})(\overline{X_t} - \overline{X})^T$。

3. 构造目标函数

为了得到最佳的 w，我们期望 E_0 尽量小，B_0 尽量大，因此构造 $J(w) = \dfrac{B_0}{E_0}$，问题转化为求 w 使 $J(w)$ 达到极大值，但使 $J(w)$ 达到极大值的 w 不唯一，于是加上一个约束条件 $E_0 = 1$。即求 w，使 $J(w)$ 在约束条件 $E_0 = 1$ 下达到极大值。

4. 利用拉格朗日乘数法求 w

利用拉格朗日乘数法可以得到以下等式：

$$(E^{-1} B) w = \lambda w$$

式中，λ 为拉格朗日乘子，即 λ 为 $E^{-1}B$ 的特征值，w 为对应的特征矩阵，由特征方程 $|E^{-1}B - \lambda I| = 0$ 可解除特征值 λ 和特征矩阵 w。

5. 导出线性判别函数

把特征值由大到小排列，取最大的特征值，所求 w 就是对应的特征向量 w，导出线性判别函数为 $u(x) = wx$。

若用一个线性判别函数不能很好地区分各个总体，则可用第二大特征值，第三大特征值……对应的特征向量构造线性判别函数进行判别（上面所说根据实际情况选择降维到几维空间），线性判别函数个数不超过 $k-1$ 个。

至此，已经成功构建了一个判别模型。接下来，可以使用这个模型对新的样本进行预测。具体做法是，将新样本代入判别函数中，计算出相应的结果，并将这个结果与预设的阈值进行比较。根据比较的结果，就可以将新样本归类到不同的类别中。

7.3 局部线性嵌入

局部线性嵌入（LLE）是一种极为关键的降维技术。与先前介绍的 PCA 和 LDA 等侧重于通过捕捉样本方差来实现降维的方法不同，LLE 的核心在于降维过程中保持样本的局部线性特性。正因为 LLE 能够在降低数据维度的同时，有效地保留数据的局部结构特征，所以它在图像识别、高维数据可视化等领域得到了广泛的应用。

LLE 是一种非线性降维技术，其独特之处在于能够确保降维后的数据依然较好地维持原有的流形结构，因此被视为流形学习领域的一项经典成果，并对后续的众多流形学习及降维方法产生了深远影响。流形学习是一个基于流形概念的广泛框架，在此框架下，局部线性嵌入所处理的流形可以被视为一个未闭合的曲面，这个曲面上的数据分布均匀且密集。流形降维算法的目标是将高维流形有效地映射到低维空间，同时力求在降维过程中保留流形在高维空间中的关键特征。实现这一目标的方法多种多样，不同的方法对应着不同的流形算法。例如，等距映射（ISOMAP）算法在降维过程中就侧重于保持样本之间的测地距离，而非简单的欧氏距离，因为测地距离更能真实地反映样本在流形结构中的相互关系。

LLE 算法的基本思想是，每个数据点都能通过其周围的近邻点以线性加权的方式近似重构。该算法的执行流程细分为三个核心步骤。①确定近邻：为数据集中的每个样本点找到其最近的 k 个邻居点；②计算局部重建权值：基于每个样本点的这些近邻点，计算出用于局部重建的权值矩阵。这些权值反映了每个近邻点对重构该样本点时的贡献程度；③求解输出值：利用这些局部重建权值及对应的近邻点信息，计算出每个样本点在降维后的输出位置。

首先，LLE 算法的基本前提是，在数据的局部范围内，其结构是线性的。这意味着，任何一个数据点都可以近似地由其周围邻域内的几个样本点通过线性组合来表示。紧接着，一个关键步骤是选择合适的邻域大小，也就是确定利用多少个邻近样本来线性地逼近或表示目标样本点。假设这个值为 k，要寻找到某个样本 x_i 的 k 个近邻点，就需要找到 x_i 和这 k 个近邻点之间的线性关系，也就是要找到线性关系的权重系数。这是一个回归问题。假设有 m 个 n 维样本 $\{x_1, x_2, \cdots, x_m\}$，便可以用均方差作为回归问题的损失函数：

$$J(w) = \sum_{i=1}^{n} \left\| x_i - \sum_{j \in Q(i)} w_{ij} x_j \right\|_2^2$$

式中，$Q(i)$ 表示 i 的 k 个近邻样本集合。w_{ij} 有归一化的限制。

通常，可以利用矩阵运算和拉格朗日乘数法来解决这个最优化问题。为了将两个矩阵化的等式合并为一个优化目标，可以采用拉格朗日乘数法，得到的优化目标表达式为

$$L(W) = \sum_{i=1}^{k} W_i^T Z_i W_i + \lambda(W_i^T I_k - 1)$$

通过对这个式子进行求解，便可以得到最终的权重系数为

$$W_i = \frac{Z_i^{-1} I_k}{I_k^T Z_i^{-1} I_k}$$

在获取了高维空间中的权重系数后，我们的目标是确保这些权重系数所代表的线性关系在降维至低维空间时依然得以维持，即在降维过程中，这些线性关系的保持能够使得对应的均方差损失函数达到最小值。因此最小化损失函数：

$$J(Y) = \sum_{i=1}^{m} \left\| y_i - \sum_{j=1}^{m} w_{ij} y_j \right\|_2^2$$

该式子和上面高维的损失函数类似，区别是在高维的损失函数公式中，高维数据已知，目标是求最小值对应的权重系数 W，而在低维的损失函数公式中则是权重系数 W 已知，目标是求对应的低维数据。

接着，将目标损失函数矩阵化便可以得到如下式子：

$$J(Y) = \text{tr}(Y(I-W)(I-W)^T Y^T)$$

最后，对 Y 求导并令其为 0，便可以得到 $MY^T = \lambda' Y^T$。可以清晰地看到，要得到最小的 d 维数据集，只需要求出矩阵 M 最小的 d 个特征值所对应的 d 个特征向量组成的矩阵 $Y = (y_1, y_2, \cdots, y_d)^T$ 即可。

7.4 拉普拉斯特征映射

拉普拉斯特征映射是一种不太常见的降维算法，它与常见降维算法的角度有所不同，它是从局部的角度去构建数据间的关系。拉普拉斯特征映射属于基于图论的降维技术，其核心是在降维后的空间中，让原本相互关联的点尽可能接近，以此保留原始数据的结构特征。具体而言，该算法试图在降维过程中保持图中相连节点（相互间存在关系的点）之间的邻近性，从而揭示并保留数据内在的流形结构。

拉普拉斯特征映射是通过构建邻接矩阵为 W 的图来重构数据流形的局部结构特征。如果两个数据样本 i 和 j 相似，那么 i 和 j 在降维后目标子空间中应该尽量接近。所以，拉普拉斯特征映射优化的目标函数为

$$\min \sum_{i,j} \| y_i - y_j \|^2 w_{ij}$$

通过对这个式子进行推导，可以得到如下的式子：

$$\sum_{i=1}^{n} \sum_{j=1}^{n} \| y_i - y_j \|^2 w_{ij} = 2\text{tr}(Y^T L Y)$$

式中，$L = D - W$ 为图的拉普拉斯矩阵，其中 W 是图的邻接矩阵，对角矩阵 D 是图的度矩阵。变换后的拉普拉斯特征映射优化的目标函数为

$$\min \text{tr}(Y^\mathrm{T} L Y), \; Y^\mathrm{T} D Y = I$$

其中限制条件是为了保证优化问题有解，下面用拉格朗日乘数法对该目标函数进行求解，可以得到：

$$LY = -DY\Lambda$$

式中，Λ 为一个对角矩阵，另外 L、D 均为实对称矩阵，其转置与自身相等。对于单独的 Y 向量，上面的式子可以写为 $Ly = \lambda Dy$，这是一个广义特征值问题。通过对这个问题进行求解，便可以得到 m 个最小非零特征值所对应的特征向量，即可达到降维的目的。

使用拉普拉斯特征映射算法时具体步骤如下。

（1）构建图。

使用某种方法将所有的点构建成图（如 KNN 算法），并将每个点最近的 K 个点连成边。

（2）确定权重。

确定点与点之间的权重大小（如热核函数），如果 i 和 j 相连，那么它们之间关系的权重被设定为

$$w_{ij} = e^{\frac{\|x_i - x_j\|^2}{t}}$$

（3）特征映射。

计算拉普拉斯矩阵的特征向量与特征值：$Ly = \lambda Dy$。然后使用最小的 m 个非零特征值对应的特征向量作为降维后的结果输出。

7.5 数据降维算法案例

下面提供完整的数据降维算法源码。

```python
# -*- coding: utf-8 -*-
"""
Created on Wed Jul  1 10:49:44 2020
@author: tanwe
"""
# coding:utf-8
from time import time
import numpy as np
import matplotlib.pyplot as plt
from mpl_toolkits.mplot3d.axes3d import Axes3D
from sklearn.discriminant_analysis import LinearDiscriminantAnalysis as lda
from sklearn import (manifold, datasets, decomposition, ensemble, random_projection)
# 加载 sklearn 中 datasets 模块的 MNIST 数据，有 5 种 digits
digits = datasets.load_digits(n_class=5)
X = digits.data
```

```python
y = digits.target
# (901, 64) 共 901 个样本，每张图片的大小是 8×8 的，展开后是 64 维的
print(X.shape)
n_img_per_row = 20
img = np.zeros((10 * n_img_per_row, 10 * n_img_per_row))
for i in range(n_img_per_row):
    ix = 10 * i + 1
    for j in range(n_img_per_row):
        iy = 10 * j + 1
        img[ix:ix + 8, iy:iy + 8] = X[i * n_img_per_row + j].reshape((8, 8))
plt.imshow(img, cmap=plt.cm.binary)
plt.title('A selection from the 64-dimensional digits dataset')
plt.show()

n_neighbors = 30
# 二维
def plot_embedding_2d(X, title=None):
    # 坐标缩放到[0，1)区间
    x_min, x_max = np.min(X, axis=0), np.max(X, axis=0)
    X = (X - x_min) / (x_max - x_min)
    # 降维后坐标为(X[i, 0]，X[i, 1])，在该位置画出对应的digits
    fig = plt.figure()
    ax = fig.add_subplot(1, 1, 1)
    for i in range(X.shape[0]):
        ax.text(X[i, 0], X[i, 1], str(digits.target[i]),
                color=plt.cm.Set1(y[i] / 10.),
                fontdict={'weight': 'bold', 'size': 9})
    if title is not None:
        plt.title(title)
# 三维
def plot_embedding_3d(X, title=None):
    # 坐标缩放到[0，1)区间
    x_min, x_max = np.min(X, axis=0), np.max(X, axis=0)
    X = (X - x_min) / (x_max - x_min)
    # 降维后坐标为(X[i, 0]，X[i, 1]，X[i, 2])，在该位置画出对应的digits
    fig = plt.figure()
    ax = fig.add_subplot(1, 1, 1, projection='3d')
    for i in range(X.shape[0]):
        ax.text(X[i, 0], X[i, 1], X[i, 2], str(digits.target[i]),
                color=plt.cm.Set1(y[i] / 10.),
                fontdict={'weight': 'bold', 'size': 9})
    if title is not None:
        plt.title(title)
# 随机映射 n_components=2，从 64 维降到二维
print("Computing random projection")
rp=random_projection.SparseRandomProjection(n_components=2,
```

```
random_state=42)
    X_projected = rp.fit_transform(X)
    plot_embedding_2d(X_projected, "Random Projection")

    # PCA 从 64 维降到二维、三维
    print("Computing PCA projection")
    t0 = time()
    X_pca = decomposition.TruncatedSVD(n_components=3).fit_transform(X)
    plot_embedding_2d(X_pca[:, 0:2], "PCA 2D")
    plot_embedding_3d(X_pca, "PCA 3D (time %.2fs)" % (time() - t0))
    # 等距映射 (Isomap) 从 64 维降到二维
    print("Computing Isomap embedding")
    t0 = time()
    X_iso = manifold.Isomap(n_neighbors, n_components=2).fit_transform(X)
    print("Done.")
    plot_embedding_2d(X_iso, "Isomap (time %.2fs)" % (time() - t0))
```

本案例将一个 64 维的数据降到了二维数据，其降维结果如图 7-4 所示。

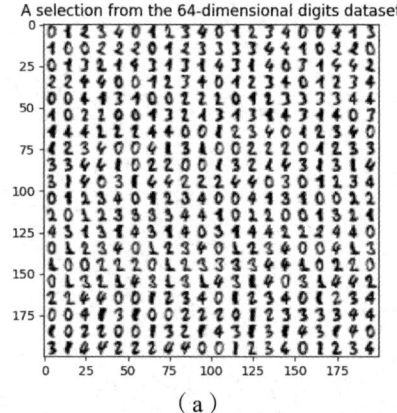

（a）

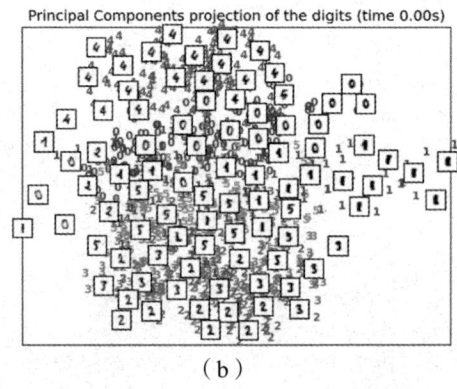

（b）

图 7-4 数据降维算法案例降维结果

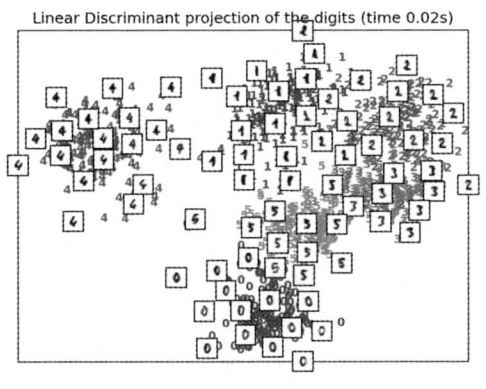

(c)

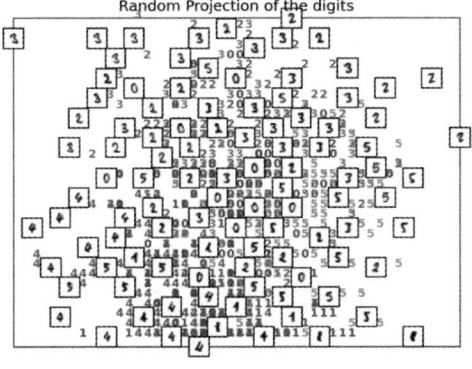

(d)

图 7-4 数据降维算法案例降维结果（续）

第 8 章 聚类算法

聚类是无监督学习领域中的一个核心问题，其旨在将给定的样本集合分割成若干个群组，即"簇"（Cluster）。在这个过程中，需要实现同一簇内的样本彼此高度相似，而不同簇之间的样本则尽可能相异。与有监督的分类算法不同，聚类算法没有训练过程，直接完成对一组样本的划分，是无监督的，因为通常不知道分类参数、数据的特征，甚至也不知道聚类的组数。因此，基于聚类的技术试图从给定的数据中估计和学习这些参数。通常，有两种方法可以执行此过程：一种是给定数据集的离线方法，另一种是在实时数据下的在线方法。离线方法有更好的准确性，但对非常大的或实时数据无效。聚类是分析数据、数据挖掘的重要工具之一，在大型标准应用程序领域，聚类是其常用工具之一，如社会网络分析、协同过滤、数据汇总、多媒体数据分析、客户分割及生物数据分析等。

8.1 聚类定义

聚类也是分类问题，它的目标是确定每个样本所属的类别。与有监督的分类算法不同，这里的类别不是人工预定好的，而是由聚类算法确定的。假设有一个样本集：

$$C = \{x_1, x_2, \cdots, x_l\}$$

聚类算法把这个样本集划分成 m 个不相交的子集 $C_1, C_2, \cdots, C_m$。这些子集的并集是整个样本集：

$$C_1 \cup C_2 \cup \cdots \cup C_m = C$$

每个样本只能属于这些子集中的一个，即任意两个子集之间没有交集：

$$C_i \cap C_j = \varnothing, \quad \forall i, j, i \neq j$$

其中，m 的值可以由人工设定，也可以由算法确定。下面用一个实际的例子来说明聚类任务。假设有一堆水果，我们事先并不知道有几类水果，聚类算法要完成对这堆水果的归类，而且要在没有人工的指导下完成。

聚类从本质上来看是一个对集合进行划分的问题，其核心难点在于如何界定和定义"簇"，因为在聚类过程中没有预设的类别标准可作为参考。通常依据簇内样本之间的距离及样本点在数据空间中的分布密度来判定，即簇内的样本点应该彼此接近，且在数据空间中呈现出相对较高的密度，而在不同簇之间的样本点则应该保持较远的距离或呈现较低的密度。

对簇的不同定义导致了多种不同的聚类算法。常见的聚类算法有以下几种。

（1）连通性聚类。此类算法的代表是层次聚类。它依据样本间的连通性来构建簇，即所有相互连通的样本被归为一个簇。

（2）基于质心的聚类。典型的代表是 K-Means 均值算法，在这种方法中，一个簇由它的质心（或中心向量）来表示，而一个样本被划分到哪个簇，取决于它到各个簇质心的距离。

（3）基于概率分布的聚类。这种算法假设每种类型的样本服从某一概率分布，如多维正态分布，典型的代表是 EM 算法。

（4）基于密度的聚类。典型的代表是 DBSCAN 算法、OPTICS 算法和均值漂移（Mear Shift）算法，它们将簇定义为空间中样本密集的区域。

（5）基于图的算法。这类算法用样本点构造出带权重的无向图，每个样本是图中的一个顶点，然后使用图论中的方法完成聚类。

8.2 聚类分析过程及结果评估

聚类分析是一个相对严格的数据分析过程。聚类分析是从原始数据集开始，直到获得聚类结果为止的一个过程。其中主要包括四部分的研究内容，即特征选择、聚类算法设计、聚类结果评估和聚类结果分析等。

8.2.1 聚类分析过程

1. 特征选择

一般来说，原始数据集（尤其是大数据集）是无规律的，特征选择是指从样本集的所有特征中选择有助于实现特定目标的几个属性，也可以理解为是降维的过程。特征选择不会降低用户的可理解性，因为其结果仍然是原始属性，保留了物理含义。

2. 聚类算法设计

聚类算法设计是根据特征选择提取的特征设计相应的聚类算法。对于多样数据类型的样本集还需要考虑量纲问题，即设计的算法应具有处理数据多样性的能力。聚类算法的第一个衡量点是相似度度量，通常是以样本的距离进行衡量，距离越近，相似度越高。

3. 聚类结果评估

由于聚类分析是基于主观判断的，其目标是找到隐藏于原始数据集中的数据结构，即便是相同的数据集，在不同聚类算法的处理下，得到的簇是不同的，所以对聚类结果的综合评估至关重要，而得出聚类结果后，需要总结结果的现实意义。

8.2.2 相似度度量

聚类分析是一种技术，旨在将原始数据集中的相似数据点归类到若干不同的类别中。在设计聚类算法时，首要任务是确定如何度量样本之间的相似性。只有当样本间的相似性满足对称性、非负性和自反性这些条件时，我们才能认为它们之间的相似性是可以被准确测量的。根据数据集是连续的还是离散的特性，相似度度量方法可以分为三大类：连续型变量的相似度度量、离散型变量的相似度度量，以及适用于混合变量的相似度度量。在这里，将重点介绍几种用于连续型变量相似度度量的方法。

1. 欧氏距离

欧氏距离是样本间相似度度量最常用的方法之一。其计算公式如下：

$$D(\mathbf{Y}_i, \mathbf{Y}_j) = \sqrt{\sum_{l=1}^{m}(y_{il} - y_{jl})^2}$$

式中，$\mathbf{Y}_i$ 和 $\mathbf{Y}_j$ 是样本点，D 是样本 $\mathbf{Y}_i$ 和 $\mathbf{Y}_j$ 之间的距离，m 是特征维数。通常在分析相似度之前需要进行标准化处理和正则化处理，二者的计算公式分别如下：

$$y_{il}' = (y_{il} - t_l)/S_l$$

$$y_{il}^* = \frac{y_{il} - \min(y_{il})}{\max(y_{il}) - \min(y_{il})}$$

式中，t 是均值，S 是方差，y_{il}' 是标准化处理后的结果，y_{il}^* 是[0,1]区间内正则化处理后的结果。

2. 切比雪夫距离

切比雪夫距离在模糊 C-Means 中得到了广泛使用，其计算公式有如下两种：

$$D(\mathbf{Y}_i, \mathbf{Y}_j) = \max\left(|y_{il} - y_{jl}|\right)$$

$$D(\mathbf{Y}_i, \mathbf{Y}_j) = \lim_{u \to \infty} \sqrt[u]{\sum_{l=1}^{m}(y_{il} - y_{jl})^u}$$

3. 曼哈顿距离

曼哈顿距离在基于 ART 的同步聚类中有所应用，其计算公式如下：

$$D(\mathbf{Y}_i, \mathbf{Y}_j) = \sum_{l=1}^{m}|y_{il} - y_{jl}|$$

4. 闵可夫斯基距离

闵可夫斯基距离的计算公式如下：

$$\sqrt[u]{\sum_{l=1}^{m}(y_{il} - y_{jl})^u}$$

式中，若 $u \to \infty$，则其为切比雪夫距离；若 $u = 2$，则其为欧氏距离；若 $u = 1$，则其为曼哈顿距离。

5. 相关系数

常用的相关系数度量是皮尔逊相关系数，其计算公式如下：

$$\rho_{y_i, y_j} = \frac{\mathrm{Cov}(\mathbf{Y}_i, \mathbf{Y}_j)}{\sqrt{D(\mathbf{Y}_i)}\sqrt{D(\mathbf{Y}_j)}}$$

6. 余弦相似度

余弦相似度是计算特征向量 $\mathbf{Y}_i$ 和 $\mathbf{Y}_j$ 的余弦值，该值越大代表两个向量越平行，即相似度越高，计算公式如下：

$$\cos\beta = \frac{Y_i^\mathrm{T} Y_j}{\|Y_i\| \|Y_j\|}$$

8.2.3 聚类算法的性能评估

聚类算法的性能评估如下。

（1）数据大小：决定了算法使用非常大或有限的数据大小进行操作的能力。

（2）维数：决定了算法在高维度数据下的工作能力。

（3）流：定义了算法使用数据的方式，包括批处理或流处理的方式。

（4）空间数据处理：算法处理复杂空间和重要数据类型的能力。

（5）不同的数据类型：以确定该算法是否可以同时处理不止一种类型的数据。

（6）处理噪声：算法克服异常值的能力。

（7）任意形状：簇形状的输出。

（8）可扩展性：确定算法是否包括四种可扩展性方法中的任何一种，分别是采样、投影、并行和 MapReduce。

（9）复杂度：将算法的复杂度按时间复杂度分为三类。首先，如果算法的复杂度为线性或半线性的，则复杂度较低；如果复杂度（多项式次数）低于二次，则复杂度为中等；如果复杂度（多项式次数）是二次或以上，则复杂度较高。

（10）参数数量：算法需要操作的参数数量。

（11）数据类型：适用于特定算法的数据类型。

数据挖掘对聚类的典型要求如下。

（1）可伸缩性：当聚类任务涉及的数据量从几百个样本激增到数百万个样本时，理想的聚类算法应能确保聚类结果的准确性保持一致，不受数据量变化的影响。

（2）多类型属性处理能力：尽管一些聚类算法主要设计用于处理数值型数据，但在实际应用中，数据对象的属性往往包括二元数据、分类数据等多种类型。虽然可以通过预处理将这些非数值型数据转换为数值型，但这通常会导致聚类效率下降或准确性受损。因此，聚类算法应具备直接处理多种类型属性的能力。

（3）发现任意形状类簇的能力：许多聚类算法都依赖于距离度量（如欧氏距离或曼哈顿距离）来评估对象间的相似性，这限制了它们只能发现相似大小和密度的球形或凸形类簇。然而，在实际数据中的类簇形状可能是复杂多变的。因此，聚类算法应能够识别并提取任意形状的类簇。

（4）对初始化参数的低依赖性：许多聚类算法在执行过程中需要用户输入特定的初始参数，如预期的类簇数量或类簇初始中心的设定。这些参数对聚类结果具有显著影响，不仅增加了用户的操作负担，还可能降低聚类结果的稳定性和准确性。因此，理想的聚类算法应尽可能减少对初始化参数的依赖，提高算法的自动化程度和鲁棒性。

8.3 聚类算法分类

聚类分析的研究已经有很多年的历史，研究成果主要集中在基于距离和基于相似度的方法上，大体上，主要的聚类算法可以划分为如下几类：层次聚类算法；基于质心的聚类算法；

基于概率分布的聚类算法；基于密度的聚类算法；基于网格的聚类算法；基于神经网络的聚类算法；基于统计学的聚类算法及模糊聚类算法。在现有的聚类算法中，有26%的算法是基于分区的聚类算法，有23%的算法是基于密度的聚类算法，基于层次的聚类算法和基于模型的聚类算法各占18%，而基于网格的聚类算法占15%。在可扩展的聚类算法中，基于投影的方法有较强的研究趋势，因为该方法很容易应用于其他算法中。

通常，基于网格的聚类算法可以出色地处理广泛的、高维的数据，而基于密度的聚类算法在这一方面稍逊一筹。为了管理流数据，大多数算法较多依赖于基于密度的聚类算法和基于网格的聚类算法，其次是基于分区的聚类算法，而层次聚类算法和基于模型的聚类算法在这里研究得最少；除基于网格的聚类算法和基于密度的聚类算法外，大多数聚类算法的实现都具有高复杂度，而基于网格的聚类算法和基于密度的聚类算法大多在中复杂度和低复杂度之间；基于分区的聚类算法和基于模型的聚类算法研究通常是基于数字数据类型的，这限制了其在许多领域的应用。当数据类型是一个复杂的结构时，基于网格的聚类算法就会更具有优势。

8.3.1 层次聚类算法

对于有些问题，类型的划分具有层次结构。例如，水果分为苹果、杏、梨等，苹果又可以细分为黄元帅、红富士、蛇果等很多品种，杏和梨也是如此。将这种谱系关系画出来，是一棵分层的树。层次聚类使用了这种做法，它反复将样本进行合并，形成一种层次的表示。初始时每个样本各为一簇，然后开始反复合并的过程。计算任意两个簇之间的距离，并将距离最小的两个簇合并。图8-1所示为对水果进行层次聚类的示意图。

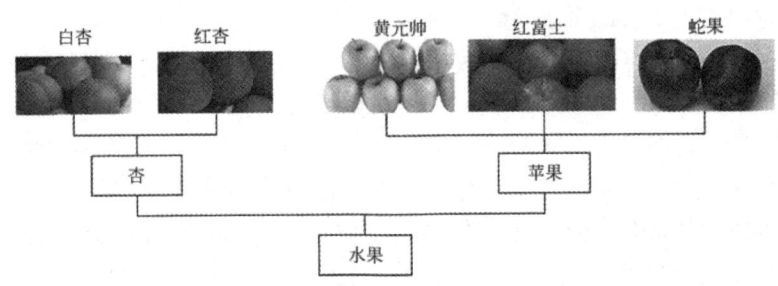

图8-1 对水果进行层次聚类的示意图

算法依赖于两个簇之间的距离值，因此需要定义它的计算公式。常用的方案有3种。第一种方案是使用两个簇中任意两个样本之间的距离的最大值，第二种方案是使用两个簇中任意两个样本之间的距离的最小值，第三种方案是使用两个簇中所有样本之间距离的均值。

层次聚类算法是一种逐步构建聚类结构的策略。它首先度量样本之间的距离，并依据这些距离信息，将彼此最接近的样本点归并到同一个类中。随后，算法进一步计算类与类之间的距离，依据这些新计算出的距离，继续将最接近的类合并成更大的类。这一过程不断重复，直至所有数据点都被归入一个单一的类中。在计算类与类之间的距离时，层次聚类算法采用了多种不同的策略，其中包括最短距离法、最长距离法、中间距离法及类平均法等。以最短距离法为例，该策略将两个类之间的距离定义为这两个类中任意两个样本点之间的最短距离。换句话说，就是找出两个类中所有样本对之间的最短距离，并把这个最短距离作为这两个类之间的距离度量。

层次聚类算法依据其层次分解的方向，可以分为两大类：自下而上（bottom-up）的凝聚层次聚类算法和自上而下（top-down）的分裂层次聚类算法，分别对应着 agglomerative 和 divisive 两种方式。自下而上的凝聚层次聚类算法起始于将每个数据点（或称为个体、对象）视为一个独立的类。随后，逐步将最相似的类合并在一起，形成一个更大的类。这个过程持续进行，直到所有的数据点都被归并到一个单一的类中，或者满足某个预设的停止条件为止。自上而下的分裂层次聚类算法则采取相反的策略。它起始于将所有数据点都归入一个包含所有点的单一类中。然后，逐步将这个大类分割成更小的类，直到每个数据点都成为一个独立的类，或者同样满足某个预设的停止条件为止。在实际应用中，聚合层次聚类是最常用的，而分裂层次聚类由于其计算负担而受到使用限制。在进行大数据的可视化时，层次聚类的输出通常用树状图或 Voronio 图表示，它清晰地描述了数据对象及其聚类之间的接近程度，并提供了良好的可视化。典型的聚合层次聚类有 AGNES，典型的分裂层次聚类有 DIANA。虽然经典的层次聚类方法在概念上易于理解，但它们存在计算复杂度高的缺点。这种较高的计算负担限制了它们在大规模数据集中的应用。

8.3.2 基于质心的聚类算法

基于质心的聚类算法计算每个簇的中心向量，以此为依据来确定每个样本所属的类别，典型的代表是 K-Means 算法。

K-Means 算法是一种被广泛用于实际问题的聚类算法。它将样本划分成 k 个类，参数 k 由人工设定。算法将每个样本划分到离它最近的那个类中心所代表的类，而类中心的确定又依赖于样本的划分方案。假设样本集有 l 个样本，特征向量 x_i 为 n 维向量，给定参数 k 的值，算法将这些样本划分成 k 个集合：

$$S = \{S_1, S_2, \cdots, S_k\}$$

最优分配方案是如下最优化问题的解：

$$\min_S \sum_{i=1}^{k} \sum_{x \in S_i} \|x - \mu_i\|^2$$

式中，μ_i 为类中心向量。这个问题是 NP 难问题，不易求得全局最优解，只能近似求解。实现时采用迭代法，只能保证收敛到局部最优解处。

算法的流程如下。

初始化 k 个类的中心向量 $\mu_1, \mu_2, \cdots, \mu_k$

循环，直到收敛

分配阶段。根据当前的类中心估计值确定每个样本所属的类循环，对每个样本 x_i 计算样本离每个类中心 μ_j 的距离：

$$d_{ij} = \|x_i - \mu_j\|$$

将样本分配到距离最近的那个类结束循环更新阶段。更新每个类的类中心循环，对每个类根据上一步的分配方案更新每个类的中心：

$$\mu_i = \sum_{j=1, y_j=i}^{l} x_j / N_i$$

结束循环

其中，y_j 为第 j 个样本的类别；N_i 为第 i 个类的样本数。

与 KNN 算法一样，这里也依赖于样本之间的距离，因此需要定义距离的计算方式，最常用的是欧氏距离，也可以采用其他距离定义，这在第 3 章已经介绍过。算法在实现时要考虑下面几个问题。

（1）关于类中心向量的初始设定，通常采用的是随机初始化的方法。其中，一种策略是 Forgy 算法，它是一种简便的选择，它随机地从样本集中抽取若干个样本，将这些样本分别指定为每个类的初始类中心。另一种策略是随机划分法，该方法首先将所有的样本随机分配到预设数量的类中，然后根据这种随机的分配情况，计算出每个类的中心向量。这两种方法都依赖于随机性，因此每次运行可能都会得到不同的初始类中心。

（2）参数 k 的设定。可以根据先验知识人工指定一个值，或者由算法自己确定。

（3）迭代终止的判定规则。一般做法是计算本次迭代后的类中心和上一次迭代时的类中心之间的距离，如果小于指定阈值，则算法终止。

K-Means 算法有多种改进版本，包括模糊 c 均值聚类、用三角不等式加速等。

8.3.3 基于概率分布的聚类算法

基于概率分布的聚类算法假设每个簇的样本均服从相同的概率分布，这是一种生成模型。

经常使用的是多维正态分布，如果服从这种分布，则为高斯混合模型，在求解时一般采用 EM 算法（Expectation Maximization Algorithm，期望最大化算法）。

EM 算法是一种迭代求解方法，旨在同时推断出每个样本所属的簇类别及各个簇的概率分布参数。假设待聚类的样本数据遵循其所属簇的概率分布，那么聚类任务就转化为估计每个簇的概率分布及其对应的样本归属。然而，在这一过程中存在一个循环依赖问题：为了准确估计每个簇的概率分布参数，需要明确知道哪些样本属于该簇；而确定样本的归属，又依赖于已知的每个簇的概率分布参数。EM 算法通过迭代的方式，巧妙地解决了这一相互依赖的问题。EM 算法在每次迭代时交替地解决上面的两个问题，直至收敛到局部最优解。

在介绍算法之前首先介绍 Jensen 不等式，后面的推导会用到它。假设 $f(x)$ 是凸函数，x 是随机变量，则下面的不等式成立：

$$E(f(x)) \geqslant f(E(x))$$

如果 $f(x)$ 是一个严格凸函数，则当且仅当 x 是常数时不等式取等号：

$$E(f(x)) = f(E(x))$$

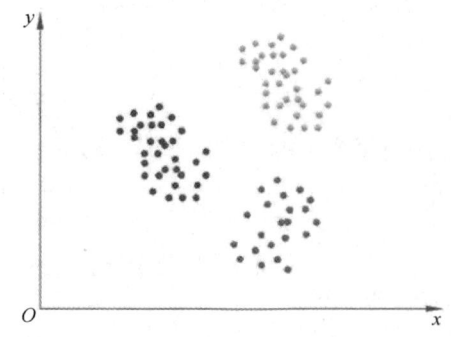

图 8-2　3 类样本都服从正态分布示意图

EM 算法的目标是求解似然函数或后验概率的极值，而样本中具有无法观测的隐含变量。例如，有一批样本分属于 3 个类，每个类都服从正态分布，均值和协方差未知，并且每个样本属于哪个类也是未知的，需要在这种情况下估计出每个正态分布的均值和协方差。图 8-2 所示为 3 类样本都服从正态分布示意图，3 类样本都服从正态分布，但每个样本属于哪个类是未知的。

样本所属的类别就是隐含变量，这种隐含变量的存在导致了用最大似然估计求解时的困难。假设有一个概率分布 $p(x_i;\theta)$，从它生成了 l 个样本。每个样本都包含观测数据 x_i，以及无法观测到的隐含变量 z_i，这个概率分布的参数 θ 是未知的，现在需要根据这些样本估计出参数 θ 的值。如果用最大似然估计，则可以构造出对数似然函数：

$$L(\theta) = \sum_{i=1}^{l} \ln p(x_i;\theta) = \sum_{i=1}^{l} \ln \sum_{z} p(x_i, z_i;\theta)$$

这里的 z_i 是一个无法观测到（人们不知道它的值）的隐含变量，是离散型随机变量，上式是对隐含变量求和得到 x 的边缘概率。因为隐含变量的存在，无法直接通过最大化似然函数得到参数的公式解。可以采用一种策略，即构建一个对数似然函数的下界函数，该函数相较于原对数似然函数更易于优化。通过不断地调整优化变量的取值，EM 算法旨在提升这个下界函数的值。由于下界函数与对数似然函数之间的关联，当下界函数值增加时，对数似然函数的值也会随之增加。这一策略构成了 EM 算法的核心思路，使得在存在循环依赖的情况下，仍能够有效地估计出每个样本所属的簇类别及每个簇的概率分布参数。

对每个样本 i，假设 Q_i 为变量 z 的一个概率分布，根据对概率分布的要求它必须满足：

$$\sum_{z} Q_i(z) = 1$$
$$Q_i(z) \geq 0$$

利用这个概率分布，将对数似然函数变形，可以得到：

$$\begin{aligned}\sum_{i=1}^{l} \ln p(x_i;\theta) &= \sum_{i=1}^{l} \ln \sum_{z_i} p(x_i, z_i;\theta) \\ &= \sum_{i=1}^{l} \ln \sum_{z_i} Q_i(z_i) \frac{p(x_i, z_i;\theta)}{Q_i(z_i)} \\ &\geq \sum_{i=1}^{l} \sum_{z_i} Q_i(z_i) \ln \frac{p(x_i, z_i;\theta)}{Q_i(z_i)}\end{aligned}$$

上式第二步凑出了数学期望的形式，最后一步利用了 Jensen 不等式。令

$$f(x) = \ln x$$

按照数学期望的定义，有：

$$\begin{aligned}\ln \sum_{z_i} Q_i(z_i) \frac{p(x_i, z_i;\theta)}{Q_i(z_i)} &= f(E_{Q_i(z_i)}\left(\frac{p(x_i, z_i;\theta)}{Q_i(z_i)}\right)) \\ &= \ln(E_{Q_i(z_i)}\left(\frac{p(x_i, z_i;\theta)}{Q_i(z_i)}\right)) \\ &\geq E_{Q_i(z_i)} f\left(\frac{p(x_i, z_i;\theta)}{Q_i(z_i)}\right) \\ &= E_{Q_i(z_i)} \ln\left(\frac{p(x_i, z_i;\theta)}{Q_i(z_i)}\right) \\ &= \sum_{z_i} Q_i(z_i) \ln \frac{p(x_i, z_i;\theta)}{Q_i(z_i)}\end{aligned}$$

对数函数是凹函数，因此不等式成立，Jensen 不等式反号。上式给出了对数似然函数的一个下界，Q_i 可以是任意一个概率分布，因此，可以利用参数 θ 的当前估计值来构造 Q_i。

显然,对这个下界函数更容易求极值,因为对数函数里面已经没有求和项。

算法在实现时首先随机初始化参数 θ 的值,接下来循环迭代,每次迭代时分为两步。

E 步,基于当前的参数估计值 θ_t,计算在给定 x 时对 z 的条件概率:

$$Q_i(z_i) = P(z_i | x_i; \theta)$$

M 步,求解如下极值问题,更新 θ 的值。

上面的目标函数中对数内部没有求和项,更容易求得 θ 的公式解。由于 Q_i 可以是任意一个概率分布,实现时 Q_i 可以按照下面的公式计算:

$$Q_i(z_i) = \frac{p(x_i, z_i; \theta)}{\sum_z p(x_i, z_i; \theta)}$$

迭代终止的判定规则是相邻两次函数值之差小于指定阈值。下面给出算法收敛性的证明。假设第 t 次迭代时的参数值为 θ_t,第 θ_{t+1} 次迭代时的参数值为 0.1。如果能证明每次迭代时对数似然函数的值单调增,即

$$L(\theta_t) \leqslant L(\theta_{t+1})$$

则算法能收敛到局部极值点。由于在迭代时选择了

$$Q_{it}(z_i) = P(z_i | x_i; \theta)$$

因此有

$$\frac{p(x_i, z_i; \theta)}{Q_i(z_i)} = \frac{p(x_i, z_i; \theta)}{p(z_i | x_i; \theta)} = \frac{p(x_i, z_i; \theta)}{p(x_i, z_i; \theta) / p(x_i; \theta)} = p(x_i; \theta)$$

这与 z_i 无关,因此是一个常数,从而保证 Jensen 不等式可以取等号。因此,有下面的等式成立。

$$L(\theta_t) = \sum_i \ln \sum_{z_i} Q_{it}(z_i) \frac{p(x_i, z_i; \theta)}{Q_{it}(z_i)} = \sum_i \sum_{z_i} Q_{it}(z_i) \ln \frac{p(x_i, z_i; \theta)}{Q_{it}(z_i)}$$

从而有

$$L(\theta_{t+1}) \geqslant \sum_i \sum_{z_i} Q_{it}(z_i) \ln \frac{p(x_i, z_i; \theta_{t+1})}{Q_{it}(z_i)} \geqslant \sum_i \sum_{z_i} Q_{it}(z_i) \ln \frac{p(x_i, z_i; \theta_t)}{Q_{it}(z_i)} = L(\theta_t)$$

上式第一步利用了 Jensen 不等式,第二步成立是因为 θ_{t+1} 是函数的极值,因此,会大于或等于任意点处的函数值;第三步在上面已经做了说明,是 Jensen 不等式取等号。上面的结论保证了每次迭代时函数值会上升,直至到达局部极大值点处,但只能保证收敛到局部极值。

下面介绍 EM 算法在高斯混合模型中的使用。假设有一批样本 $\{x_1, x_2, x_3, \cdots, x_l\}$,为每个样本 x_i 增加一个隐含变量 z_i,表示样本来自哪个高斯分布。这是一个离散型的随机变量,取值为 $1, 2, \cdots, k$,取每个值的概率为 w_i。这样 x_i 和 z_i 的联合概率可以写成:

$$p(x_i, z_i) = p(z_i) p(x_i | z_i)$$

式中,隐含变量 z_i 的概率分布为

$$p(z_i = j) = w_j$$

为了确定模型的参数,为样本集构造对数似然函数:

$$L(w, u, \Sigma) = \sum_{i=1}^{l} \ln p(x; w, u, \Sigma) = \sum_{i=1}^{l} \ln \sum_{z_i=1}^{k} p(x_i | z_i; u, \Sigma) p(z_i; w)$$

上式的第二步是对随机变量 z_i 求边缘概率。对于每个样本,z_i 只能等于 $1, 2, \cdots, k$ 中的某一

个值。上面的对数似然函数中包含了变量 z_i，对于每个样本来说，这个值是未知的，因此，无法直接通过最大化这个函数而确定要估计的参数。

但是如果已经知道了 z_i 的值，则可以通过极大化对数似然函数确定 w、均值向量 u，以及协方差矩阵 Σ。可以将对数似然函数分开写成下面的形式：

$$L(w, u, \Sigma) = \sum_{i=1}^{l} (\ln p(x_i | z_i; u, \Sigma) + \ln p(z_i; w))$$

对参数求导并令导数为 0，可以得到参数的最优解，但是在这里 z_i 是未知的。如果使用 EM 算法求解，在 E 步中猜测变量 2 的值，在 M 步中，根据这个猜测值确定 w、均值向量 u，以及协方差矩阵 Σ 的值，此时对数似然函数中已经没有求和项，可以得到公式解。计算过程如下。

E 步，根据模型参数的当前估计值，计算第 i 个样本来自第 j 个高斯分布的概率：

$$q_{ij} = p(z_i = j | x_i; w, u, \Sigma)$$

M 步，计算模型的参数。权重的计算公式为

$$w_j = \frac{1}{l} \sum_{i=1}^{l} q_{ij}$$

均值向量的计算公式为

$$u_j = \frac{\sum_{i=1}^{l} q_{ij} x_i}{\sum_{i=1}^{l} q_{ij}}$$

协方差矩阵的计算公式为

$$\Sigma_j = \frac{\sum_{i=1}^{l} q_{ij} (x_i - u_i)(x_i - u_i)^T}{\sum_{i=1}^{l} q_{ij}}$$

在 E 步中对 q_{ij} 的计算通过全概率公式与贝叶斯公式得到：

$$p = (z_i = j | x_i; w, u, \Sigma) = \frac{p(x_i | z_i = j; u, \Sigma) p(z_i = j; w)}{\sum_{c=1}^{k} p(x_i | z_i = c; u, \Sigma) p(z_i = c; w)}$$

q_{ij} 是根据参数的当前估计值而计算出来的对 z_i 的猜测值。

8.3.4 基于密度的聚类算法

密度聚类旨在发现聚类的形状。在这种类型中，数据是数值的，以便它们可以根据维度距离进行分组。最初，数据被分为三种类型的点：核心点、边界点和噪声点。如果某个点在距离 n 内有最少的 m 个点，则该点被认为是一个核心点，如果一个点至少有一个核心点在范围内，则该点被认为是一个边界点；否则，标记为噪声点。该算法的工作原理是将这些点分组，以形成具有一定密度的簇。基于密度的聚类算法的核心思想是根据样本点某一邻域内的邻居数定义样本空间的密度，这类算法可以找出空间中形状不规则的簇，并且不用指定簇的数量。算法的核心是计算每点处的密度值，以及根据密度来定义簇。

（1）DBSCAN算法。

DBSCAN算法是一种基于密度的聚类算法，其优势在于能够有效应对噪声数据，并能识别出任意形状的簇结构。该算法将簇定义为由密集分布的样本点所构成的区域。在具体执行时，DBSCAN算法从一个初始的种子样本点出发，不断向周围密度较高的区域扩展，这一过程会持续进行，直到触及簇的边界为止。通过这种方式，DBSCAN算法能够准确地划分出数据集中的各个簇。

算法使用了两个人工设定的参数 ε 和 M，ε 是样本点邻域的半径，M 是定义核心点的样本数阈值。下面介绍它们的概念。

假设有样本集 $X=(x_1,x_2,\cdots,x_n)$，样本点 x 的 ε 邻域定义为样本集中与该样本的距离小于或等于 ε 的样本构成的集合。

$$N_\varepsilon(x)=\{y\in X:d(x,y)\leqslant \varepsilon\}$$

式中，$d(x,y)$ 是两个样本之间的距离，可以采用任何一种距离定义。样本的密度定义为它的 ε 邻域的样本数：

$$\rho(x)=|N_\varepsilon(x)|$$

密度是一个非负整数。核心点定义为数据集中密度大于指定阈值的样本点，即如果

$$\rho(x)\geqslant M$$

则称 x 为核心点，核心点是样本分布密集的区域。样本集中所有的核心点构成的集合为 X_c，非核心点构成的集合为 X_{n_c}。如果 x 是非核心点，并且它的 ε 邻域内存在核心点，则称 x 为边界点，边界点是密集区域的边界。如果一个点既不是核心点，也不是边界点，则称之为噪声点，噪声点是样本稀疏的区域。

如果 x 是核心点，y 在它的 ε 邻域内，则称 y 是从 x 直接密度可达的。对于样本集中的一组样本 $x_1,x_2,x_3,\cdots,x_n$，如 x_{i+1} 是从 x_i 直接密度可达的，则称 x_n 是从 x_1 密度可达的。密度可达是直接密度可达的推广。

对于样本集中的样本点 x、y 和 z，如果 y 和 z 都从 x 密度可达，则称它们是密度相连的，根据定义，密度相连具有对称性。

基于上面的概念可以给出簇的定义。样本集 C 是整个样本集的一个子集，如果它满足下列条件：对于样本集 X 中的任意两个样本 x 和 y，如果 $x\in C$，且 y 是从 x 密度可达的，则 $y\in C$；如果 $x\in C$，$y\in C$，则 x 和 y 是密度相连的，则称样本集 C 是一个簇。

根据簇的明确定义，可以设计一种聚类算法。该算法的工作原理是从一个选定的核心对象开始，逐步向外扩展到所有密度可达的区域，最终形成一个涵盖该核心对象及其所有边界对象的最大连通区域。在这个区域内，任意两个对象之间都是密度相连的。这种逐步扩展的方法，使我们能够准确地识别并构造出数据集中的各个簇。

假设有样本集 X，聚类算法将这些样本划分成 K 个簇及噪声点的集合，其中 K 由算法确定。每个样本要么属于这些簇中的一个，要么属于噪声点。定义变量 m_i 为样本 x_i 所属的簇，如果它属于第 j 个簇，则 m_i 的值为 j，如果它不属于这些簇中的任何一个，即噪声点，则其值为 -1，m_i 就是聚类算法的返回结果。变量 k 表示当前的簇号，每发现一个新的簇，其值加 1。聚类算法的流程如下。

> 第一阶段，初始化
> 计算每个样本的邻域 $N_\varepsilon(x_i)$
> 令 $k=1$，$m_i=0$，初始化待处理样本集合 $I=\{1,2,\cdots,N\}$
> 第二阶段，生成所有的簇
> 循环，当 I 不为空时
> 从 I 中取出一个样本 i，并将其从集合中删除
> 如果 i 没被处理过，即 $m_i=0$
> 初始化集合 $T=N_\varepsilon(x_i)$
> 如果 i 为非核心点
> 则令 $m_i=-1$，暂时标记为噪声
> 如果 i 为核心点
> 则令 $m_i=k$，将当前簇编号赋予该样本
> 循环，当 T 不为空时
> 从集合 T 中取出一个样本 j，并从该集合中将其删除
> 如果 $m_j=0$ 或 $m_j=-1$
> 则令 $m_j=k$
> 如果 j 是核心点
> 则将 j 的邻居集合 $N_\varepsilon(x_j)$ 加入集合 T
> 结束循环
> 令 $k=k+1$
> 结束循环

算法的核心步骤是依次处理每个还未标记的点，如果是核心点，则将其邻居点加入连接集合中，反复扩张，直到找到一个完整的簇为止。

在实现时有几个问题需要考虑，第一个问题是如何快速找到一个点的所有邻居集合，可以用 R 树或 KD 树等数据结构加速；第二个问题是参数 ε 和 M 的设定，ε 的取值在有些时候非常难以被确定，而它对聚类的结果有很大影响。M 值的选择有一个指导性的原则，如果样本向量是 n 维的，则 M 的值至少是 $n+1$ 维的。

DBSCAN 算法的优势在于其无须预先设定簇的数量，能够自动地识别并聚类出任意形状的簇结构，同时对于数据集中的噪声具有较强的抗干扰能力。其缺点是聚类的质量受距离函数的影响很大，如果数据维数很高，则将面临维数灾难问题。参数 ε 和 M 的设定有时候很困难。

（2）OPTICS 算法。

OPTICS 算法是对 DBSCAN 算法的改进，对参数更不敏感。它不直接生成簇，而是对样本进行排序，从这个排序中可以得到各种邻域半径 ε 和密度阈值 M 时的聚类结果。

OPTICS 算法复用了 DBSCAN 算法的一些概念，除此之外，还定义了两个新的概念。给定参数 ε 和 M，使得样本成为核心点的最小邻域半径，称之为 x 的核心距离，即

$$\mathrm{cd}(x)=\begin{cases}\mathrm{UNDEFINED}, & |N_\varepsilon(x)|<M \\ d(x,N_\varepsilon^M(x)), & |N_\varepsilon(x)|\geq M\end{cases}$$

式中，$N_\varepsilon^i(x)$ 为 x 的 ε 邻域内距离它第 i 近的点。按照定义，如果 x 是核心点，则其核心距离小于或等于 ε，否则核心距离没有定义。给定样本集中的两个点 x 和 y，y 对于 x 的可达距离定义为

$$\mathrm{rd}(y,x) = \begin{cases} \mathrm{UNDEFINED}, & |N_\varepsilon(x)| < M \\ \max(\mathrm{cd}(x), d(x,y)), & |N_\varepsilon(x)| \geq M \end{cases}$$

如果 x 是核心点，则对它的可达距离是 x 的核心距离与 y 和 x 之间的距离的最大值，如果不是核心点则该值未被定义。这是使得 x 成为核心点，并且从 x 直接密度可达的最小邻域半径。显然，可达距离与参考点 x 有关，不同的 x 将导致不同的计算结果。可达距离和 y 点处的密度有关，密度越大，它从邻居节点直接密度可达的距离越小。聚类时同样向密集的区域扩张，优先考虑可达距离小的样本。

给定样本集 $X = (x_1, x_2, x_3, \cdots, x_n)$，以及人工设定的参数 ε 和 M，OPTICS 算法输出所有样本的一个排序，以及每个样本的核心距离、可达距离。其中，第 i 个样本在输出序列中的位置为 p_i，它的核心距离为 c_i，可达距离为 r_i。辅助数组 v_i 表示第 i 个样本是否被处理过，用于算法的实现。算法维持了一个列表 seedList，存储所有待处理的样本，按样本点离它最近直接密度可达的核心点的距离升序排列。

算法依次处理每个没有被处理的点，如果是核心点，则按照可达距离升序的顺序依次扩展到每个能到达的新的点。OPTICS 算法的流程如下。

第一阶段：初始化
计算每个样本的邻域 $N_\varepsilon(x_i)$
计算每个样本的核心距离 c_i
将所有样本的处理标志 v_i 初始化为 0
将所有样本的可达距离 r_i 初始化为 UNDEFINED
令 $k = 1$，待处理样本的集合初始化为 $I = \{1, 2, \cdots, N\}$
第二阶段：输出排序
循环，当 I 中还有样本未处理
从 I 中取出一个样本 i，将 i 从 I 中删除
    如果 $v_i = 0$，即样本没被处理过
则令 $v_i = 1$，$p_k = i$，$k = k + 1$
    如果 i 是核心点
则调用 $\mathrm{insert}\left(N_\varepsilon(x_i), \mathrm{seedList}\right)$，将 $N_\varepsilon(x_j)$ 中未处理点插入列表
    循环，当列表 seedList 不为空时
从 seedList 中取出第一个样本 j
令 $v_j = 1$，$p_k = j$，$k = k + 1$
    如果 j 是核心点
则调用 $\mathrm{insert}\left(N_\varepsilon(x_j), \mathrm{seedList}\right)$，将 $N_\varepsilon(x_j)$ 中未处理点插入列表
    结束循环
结束循环

注意，这里的 ε 只用于生成样本的顺序，真正的聚类使用另一个邻域半径阈值。函数 insert

将一个样本点邻域集合中的所有未处理点按照可达距离插入列表中。这里分两种情况，如果之前没有计算过可达距离，则直接按照本次计算的可达距离将样本插入列表，否则取之前的可达距离与本次可达距离的最小值，即使用从最近的那个核心点计算出来的可达距离。算法处理流程如下。

> 循环，对 $N_\varepsilon(x_k)$ 中的所有样本 i
>   如果 $v_i = 0$
>   则计算 i 对 k 的可达距离 $\mathrm{rd} = \max(\mathrm{cd}_k, d(x_k, x_i))$
>   如果 r_i 为 UNDEFINED
>   则令 $r_i = \mathrm{rd}$
>   将 i 按照可达距离插入 seedList 列表中的适当位置
>   否则
>   如果 $\mathrm{rd} < r_i$
>   则令 $r_i = \mathrm{rd}$
>   将 i 按照可达距离插入 seedList 列表中的适当位置
> 结束循环

算法返回的序列是按照所有点对各个种子点的可达距离升序排序的。如果将横坐标设为有序样本的编号，纵坐标为可达距离，则寻找每个谷底的位置可以得到聚类结果。这里需要一个人工设定的参数 ε'，并且要保证 $\varepsilon' \leq \varepsilon$，这是聚类时使用的最小邻域半径。算法依次处理 OPTICS 算法返回的有序列表中的每个样本，如果其可达距离大于 ε'，则认为是一个新的簇的开始，因为它不能被加入之前被处理的那些簇中。这里又分两种情况，如果其可达距离小于 ε，则是一个新的簇，否则是噪声。如果可达距离小于 ε'，则把样本加入已经存在的簇中，因为它和前面的样本是密度可达的。

与 DBSCAN 算法相同，用变量 m_i 标记对每个样本的分配结果。根据排序结果生成聚类结果的算法流程如下。

> 初始化 clusertID = -1，$k = 1$
> 循环，对 $i = 1, 2, \cdots, N$，依次处理有序列表中的每个样本
> 如果 $r_i > \varepsilon'$
>   如果 $c_i \leq \varepsilon'$
> clusterID = k，$k = k + 1$，m_j = clusterID
>   否则 $m_i = -1$
> 否则 m_i = clusterID
> 结束循环

clusterID 为当前簇号，每生成一个新的簇，其值加 1。算法执行结束之后得到每个样本的簇编号，与 DBSCAN 算法一样，它要么属于某一个簇，要么是噪声。

均值漂移（Mean Shift）算法基于核密度估计技术，是一种寻找概率密度函数极值点的算法。它在聚类分析、图像分割、视觉目标跟踪中都有应用。在用于聚类任务时，它寻找概率密度函数的极大值点，即样本分布最密集的位置，以此得到簇。

对于某些应用,人们不知道概率密度函数的具体形式,但有一组采样自此分布的离散样本数据,核密度估计可以根据这些样本值估计概率密度函数,均值漂移算法可以找到概率密度函数的极大值点。与之前介绍的数值优化算法一样,这也是一种迭代算法,从一个初始点 x 开始,按照某种规则移动到下一点,直到到达极值点处为止。

假设有 n 个样本点 $\boldsymbol{x}_i$,$i=1,2,\cdots,n$,由核函数 K 与窗口半径 h 定义的核密度估计函数为

$$p(x) = \frac{1}{nh^d} \sum_{i=1}^{n} K(\frac{\boldsymbol{x}-\boldsymbol{x}_i}{h})$$

式中,d 为向量的维数,这里使用了核函数:

$$K(\frac{\boldsymbol{x}-\boldsymbol{x}_i}{h})$$

最常用的是高斯核。要找到概率密度函数的极大值点,即寻找核密度估计函数的极大值点,可以采用梯度上升法(与梯度下降法相反,在这里沿着梯度方向迭代),可以证明,其梯度可表示为

$$\boldsymbol{m} = \frac{\sum_{i=1}^{n} g(\boldsymbol{x}_i - \boldsymbol{x})\boldsymbol{x}_i}{\sum_{i=1}^{n} g(\boldsymbol{x}_i - \boldsymbol{x})} - \boldsymbol{x}$$

式中

$$g(\boldsymbol{x}) = -K'(\boldsymbol{x})$$

$\boldsymbol{m}$ 为均值漂移向量,均值漂移算法反复使用下面的公式进行迭代:

$$\boldsymbol{x} = \boldsymbol{x} + \boldsymbol{m}$$

直至收敛到极值点处。在聚类时,从某一初始点开始,反复用均值漂移算法进行迭代,直至到达密度最大的点处,这就找到了一个簇。

8.4 算法评价指标

与有监督学习算法一样,需要对聚类算法的效果进行评估。由于聚类算法要处理的样本可能没有人工标定的标签值,因此需要定义其特有的评价指标。这些指标可以分为内部指标和外部指标两种类型。

8.4.1 内部指标

内部指标只用算法对聚类样本的处理结果评价聚类的效果,不依赖于事先由人工给出的标准聚类结果,因此,它完全由聚类算法的内部结果而定。下面介绍几种常用的指标。

Davies-Bouldin 指标定义为

$$\frac{1}{n} \sum_{i=1}^{n} \max_{i \neq j} (\frac{\sigma_i + \sigma_j}{d(c_i, c_j)})$$

式中,n 为簇的数量;c_i 为第 i 个簇的质心;σ_i 为第 i 个簇的所有样本离这个簇的质心的平均距离;$d(c_i, c_j)$ 为第 i 个簇的质心与第 j 个簇的质心之间的距离。上式中的求和项是簇内差异与

簇间差异的比值，这个指标值越大，聚类效果越差，反之则越好。

Dunn 指标是簇间距离的最小值与簇内距离的最大值之间的比值，计算公式为

$$\mathrm{Dunn} = \frac{\min\limits_{1 \leq i < j \leq n} d_{ij}}{\max\limits_{1 \leq k \leq n} d_k}$$

式中，d_{ij} 为第 i 个簇与第 j 个簇的簇间距离；d_k 为第 k 个簇的簇内距离。这个比值越大，说明簇之间被分得越开，簇内越紧密，聚类效果越好；反之，则聚类效果越差。

8.4.2 外部指标

外部指标用事先定义好的聚类结果来评价算法的处理效果，它的计算依赖于人工标定结果。下面介绍几种典型的指标。

纯度定义了一个簇包含某个类的程度，即这个簇内的样本是否都属于同一个类，类似于决策树中的纯度指标。定义为

$$\frac{1}{N} \sum_{m \in M} \max_{d \in D} |m \cap d|$$

式中，M 为人工划分的簇，D 为聚类算法划分的簇，N 为样本数。这个指标衡量了算法聚类结果与人工聚类结果之间的一致性程度，其值越高，表明聚类的效果越优异。

Rand 测度定义了算法聚类的结果与人工聚类结果之间的耦合程度，定义为

$$\frac{\mathrm{TP} + \mathrm{TN}}{\mathrm{TP} + \mathrm{FP} + \mathrm{FN} + \mathrm{TN}}$$

这个指标值越大，算法聚类结果与人工聚类结果越相似。Jaccard 指标是两个集合的交集与并集的比值，类似于目标检测中的 IOU 指标，定义为

$$\frac{|A \cap B|}{|A \cup B|} = \frac{\mathrm{TP}}{\mathrm{TP} + \mathrm{FP} + \mathrm{FN}}$$

这个值越大，说明两个集合的重合度越高，即算法聚类的结果与人工聚类的结果越相似，聚类效果越好。

8.5 聚类算法案例

K-Means 算法开发流程如下。

（1）收集数据：使用任意方法。

（2）准备数据：需要数值型数据来计算距离，也可以将标称型数据映射为二值型数据，再用于距离计算。

（3）分析数据：使用任意方法。

（4）训练算法：此步骤不适用于 K-Means 算法。

（5）测试算法：应用聚类算法、观察结果，可以使用量化的误差指标如误差平方和来评价算法的结果。

（6）使用算法：可以用于所希望的任何应用，通常情况下，簇质心可以代表整个簇的数据

来做出决策。

二维码 8.1

案例：地图标记点分类的聚类算法案例。

左侧的二维码提供了聚类算法核心逻辑的 Python 代码实现，在实际使用中，可以通过 sklearn.cluster 库包中的 KMeans 库直接调用来实现聚类算法，因此不需要自己进行代码的编写。

执行程序如下。

```
# -*- coding:UTF-8 -*-

import numpy as np
import matplotlib.pyplot as plt
from sklearn.cluster import KMeans

# 加载数据集
dataMat = []
fr = open("./testSet.txt")  # 注意，这个是相对路径，请保证是在 MachineLearning 这个目录下执行的
for line in fr.readlines():
    curLine = line.strip().split('\t')
    fltLine = list(map(float,curLine))       # 映射所有的元素为 float（浮点数）类型
    dataMat.append(fltLine)

# 训练模型
km = KMeans(n_clusters=4)          # 初始化
km.fit(dataMat)  # 拟合
km_pred = km.predict(dataMat)      # 预测
centers = km.cluster_centers_      # 质心

# 可视化结果
plt.scatter(np.array(dataMat)[:, 1], np.array(dataMat)[:, 0], c=km_pred)
plt.scatter(centers[:, 1], centers[:, 0], c="r")
plt.show()
```

程序运行结束后将给出地图标记点的 4 个质心，结果图如图 8-3 所示。

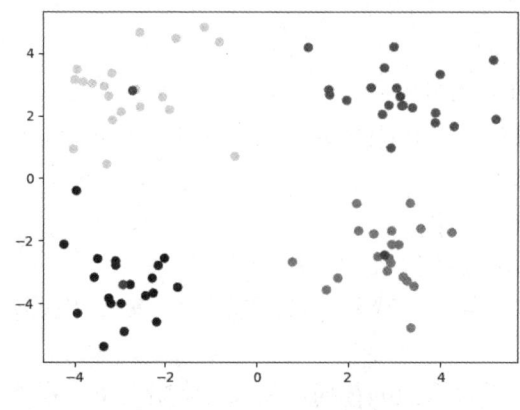

图 8-3 聚类算法案例结果图

第 9 章　人工神经网络

人类的大脑由大约 800 亿个神经元构成，这些神经元各自通过突触结构与其他的神经元相互连接。它们负责接收来自其他神经元的电信号及化学信号，对这些信号进行整合与处理，随后将处理结果输出至其他神经元。大脑通过神经元之间的协作来完成它的功能，神经元之间的连接关系是在进化过程中，以及生长发育、长期的学习、对外界环境的刺激反馈中建立起来的。人工神经网络（Artificial Neural Networks，ANN）是对人类大脑神经元工作机制的简化模拟。它由众多相互连接的神经元节点组成，这些节点从相连的神经元接收输入信息，经过内部计算处理后产生输出，这些输出随后可能作为输入传递给其他神经元进行进一步的处理。ANN 的应用范围广泛，不仅限于模式识别领域，还涵盖了函数极值求解、自动控制等多方面。迄今为止，已经发展出了多种结构的神经网络，其中典型的有全连接神经网络（又称多层前馈型神经网络）、卷积神经网络、循环神经网络及 Hopfield 网络等。

9.1　人工神经网络概念

ANN 是对人脑神经元网络在信息处理层面的一种抽象化表示，通过构建简化模型并按特定连接方式组合成多样化的网络结构。这种网络本质上是一种运算模型，由海量的节点（或神经元）相互连接而成。每个节点都对应一个特定的输出函数，这个函数称为激活函数，用于描述节点的响应特性。节点间的每条连接都承载着一个加权值，即权重。它反映了信号在传递过程中的重要性，相当于 ANN 的记忆存储机制。ANN 的输出结果取决于其网络结构、权重分配及激活函数的选择。这些网络往往是对自然界中某些算法或函数的近似模拟，也可能代表着某种逻辑策略的实现。作为非线性、自适应的信息处理系统，ANN 由大量的处理单元相互连接而成，其设计灵感来源于现代神经科学的研究成果，旨在通过模仿大脑神经网络的信息处理和记忆方式来执行信息处理任务。

ANN 具备以下四大核心特性。

（1）非线性：自然界广泛存在的本质属性，而大脑的智能表现正是一种典型的非线性现象。人工神经元能够展现出激活或抑制的两种状态，这种行为在数学表达上呈现出非线性关系。特别地，引入阈值的神经元网络能够展现出更加卓越的性能，显著提升其容错能力和信息存储容量。

（2）非局部特性：神经网络通常由大量神经元广泛且复杂地相互连接构成。系统的整体行为不再仅仅依赖于单个神经元的特性，而是更多地受神经元之间相互作用和连接模式的影响。这种广泛的连接模式模拟了大脑的非局部特性，而联想记忆正是这一特性的典型体现。

（3）非常规稳定性：人工神经网络展现出强大的自适应、自组织和自学习能力。非线性动力系统不仅能够处理各种变化的信息，在处理信息的过程中其自身也在持续演变，这种演变过程通常通过迭代过程来描述。

（4）多稳态特性：系统的演化方向在特定条件下取决于某个特定的状态函数，如能量函数。

非凸性指的是这类函数存在多个极值点，意味着系统具有多个相对稳定的平衡状态。这种多稳态特性为系统的演化提供了多样性。

在人工神经网络中，神经元处理单元能够代表多种对象，包括但不限于特征、字母、概念，以及具有意义的抽象模式。这些处理单元根据其功能可分为三类：输入单元负责接收来自外部环境的信号与数据；输出单元负责将系统的处理结果对外输出；而隐单元则位于输入与输出单元之间，其状态无法被系统外部直接观测。神经元之间的连接权重作为连接强度的体现，决定了信息的表示与处理方式，这些信息处理特性蕴含在网络处理单元的连接关系中。

人工神经网络是一种非程序化、自适应的信息处理方式，其灵感源自大脑的信息处理机制。它的核心在于通过网络结构的变换和动力学行为，实现一种并行分布式的信息处理功能，从而在不同程度和层次上模拟人脑神经系统的信息处理特性。作为神经科学、思维科学、人工智能和计算机科学等多个领域的交叉学科，人工神经网络构建了一个并行分布式系统，其运作机理完全不同于传统的人工智能和信息处理技术。这一系统有效地克服了传统基于逻辑符号的人工智能在处理直觉和非结构化信息方面的局限性，展现出自适应、自组织和实时学习的独特优势。

9.2 多层前馈型神经网络

本节介绍的是最基本的前馈神经网络，又称多层感知器（Multi-Layer Perceptron，MLP）模型或全连接神经网络。前馈神经网络采用分层架构，其中每层的神经元负责接收来自上一层神经元的输入数据，经过计算处理后生成输出数据，并将这些数据传递给下一层神经元进行进一步的处理。最终，最后一层神经元的输出即该神经网络的输出结果。

本节将介绍神经元、网络结构和正向传播算法。

9.2.1 神经元

大脑的神经元借助突触与其他神经元相连，接收来自其他神经元的信号，经过整合和处理后产生输出。类似地，在人工神经网络中，神经元也扮演着类似的角色接收输入信号，进行内部处理，然后产生输出。图9-1所示为神经元示意图，左侧为输入数据，右侧为输出数据。

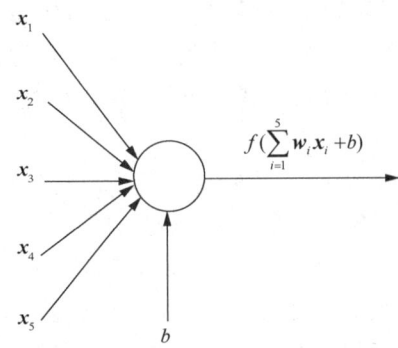

图 9-1 神经元示意图

这个神经元接收的输入信号为向量 x_1, x_2, x_3, x_4, x_5，向量 $(w_1, w_2, w_3, w_4, w_5)$ 为输入向量的组合权重，b 为偏置项，是一个标量。神经元的作用是对输入向量进行加权求和，并加上偏置项，最后经过激活函数变换产生输出：

$$y = f(\sum_{i=1}^{5} w_i x_i + b)$$

为表述简洁，把上面的公式写成向量和矩阵形式。对于每个神经元，假设它接收的上一层节点的输入向量为 x，本节点的权重向量为 w，偏置项为 b，该神经元的输出值为

$$f(w^T x + b)$$

首先计算输入向量与权重向量的点积，并加上偏置项，然后将这个结果传递给一个激活函数进行非线性变换，最终得到神经元的输出。这个函数称为激活函数，一种典型的激活函数是 sigmoid 函数。sigmoid 函数的定义为

$$\sigma(x) = \frac{1}{1 + \exp(-x)}$$

该函数的值域为 $(0,1)$，是一个单调增函数。sigmoid 函数的导数为

$$\sigma'(x) = \sigma(x)(1 - \sigma(x))$$

根据这个公式，能够轻松地根据函数值推导出其导数值，这一特性在反向传播算法中将展现出显著的优势。sigmoid 函数的图像如图 9-2 所示。

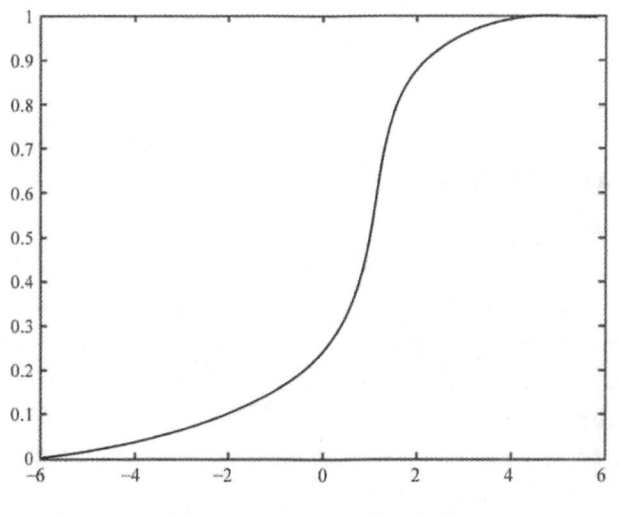

图 9-2 sigmoid 函数的图像

在 0 处，该函数的导数有最大值 0.25，远离 0 处的导数值逐渐减小，函数的图像是一个 S 形曲线。

神经元的输出信号生成规律由激活函数（又称神经元功能函数或转移函数）定义，这是神经元模型的外在表现。该函数描述了从接收输入信号开始，经过计算净输入，再到通过激活获得激活值，并最终产生输出信号的整个过程。综合了净输入、f 函数的作用，f 函数形式多样，利用它们的不同特性可以构成功能各异的神经网络。

常用的激活函数有以下几种形式。

（1）阈值函数，又称阶跃函数。当选择阶跃函数作为激活函数时，人工神经元模型即转变

为 MP 模型。此时，神经元的输出为 1 或 0，分别代表神经元的兴奋或抑制状态。

（2）当需要输出结果为任意值时，线性函数可以作为输出神经元的激活函数。不过，在复杂网络中，线性激活函数会大幅降低网络的收敛性，所以其使用频率相对较低。

（3）对数 S 形函数，其输出范围为 0～1。当需要输出信号在 0～1 范围内时，该函数是首选。它也是神经元中使用最为普遍的激活函数。

（4）双曲正切 S 形函数，其形状类似于被平滑处理的阶跃函数，且与对数 S 形函数形状相似，但以原点为中心对称。其输出范围为-1～1，在要求输出信号处于此范围内的场景中常常被选用。

9.2.2　网络结构

在处理分类问题时，神经网络通常由多个层级构成。第一层为输入层，负责接收输入向量，其神经元的数量与特征向量的维度相等。这一层并不对数据进行处理，而是简单地将输入向量传递给下一层进行计算。第二层为中间层，又称隐含层，可能包含一个或多个层级。最后一层为输出层，其神经元的数量与需要分类的类别数量一致。输出层的输出值被用作分类预测的依据。

下面来看一个简单神经网络的例子，如图 9-3 所示。

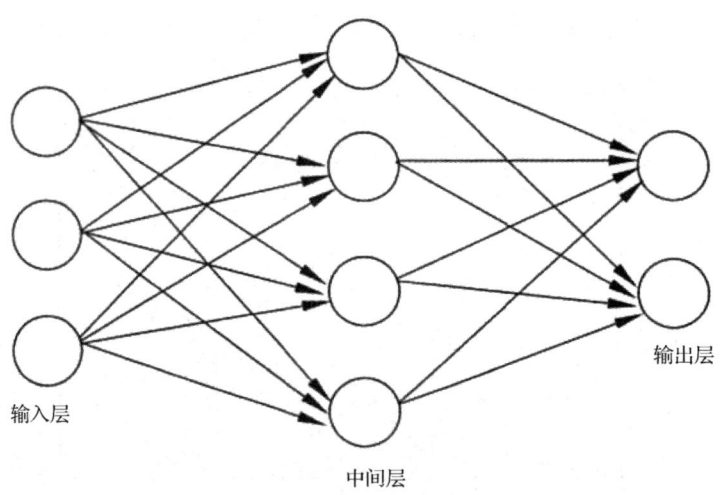

图 9-3　一个简单神经网络的例子

这个神经网络有 3 层。第一层为输入层，对应的输入向量为 x，其中有 3 个神经元，写成分量形式为 (x_1, x_2, x_3)，它们不对数据进行任何处理，直接原样送入下一层。第二层为中间层，其中有 4 个神经元，接收的输入向量为 x，输出向量为 y，写成分量形式为 (y_1, y_2, y_3, y_4)。第三层为输出层，其中有 2 个神经元，接收的输入向量为 y，输出向量为 z，写成分量形式为 (z_1, z_2)。第一层到第二层的权重矩阵为 $w^{(1)}$，第二层到第三层的权重矩阵为 $w^{(2)}$。权重矩阵的每一行代表了一个权重向量，这个向量包含了从上一层所有神经元连接到当前层某一个神经元的所有权重值。在这里，上标被用来表示不同的层级。

如果激活函数选用 sigmoid 函数，则第二层神经元的输出值为

$$y_1 = \frac{1}{1+\exp(-(w_{11}^{(1)}x_1 + w_{12}^{(1)}x_2 + w_{13}^{(1)}x_3 + b_1^{(1)}))}$$

$$y_2 = \frac{1}{1+\exp(-(w_{21}^{(1)}x_1 + w_{22}^{(1)}x_2 + w_{23}^{(1)}x_3 + b_2^{(1)}))}$$

$$y_3 = \frac{1}{1+\exp(-(w_{31}^{(1)}x_1 + w_{32}^{(1)}x_2 + w_{33}^{(1)}x_3 + b_3^{(1)}))}$$

$$y_4 = \frac{1}{1+\exp(-(w_{41}^{(1)}x_1 + w_{42}^{(1)}x_2 + w_{43}^{(1)}x_3 + b_4^{(1)}))}$$

第三层神经元的输出值为

$$z_1 = \frac{1}{1+\exp(-(w_{11}^{(2)}y_1 + w_{12}^{(2)}y_2 + w_{13}^{(2)}y_3 + w_{14}^{(2)}y_4 + b_1^{(2)}))}$$

$$z_1 = \frac{1}{1+\exp(-(w_{21}^{(2)}y_1 + w_{22}^{(2)}y_2 + w_{23}^{(2)}y_3 + w_{24}^{(2)}y_4 + b_2^{(2)}))}$$

如果把 y_i 代入上面两个式子中，可以将输出向量 z 表示成输入向量 x 的函数。通过调整权重矩阵和偏置项可以实现不同的函数映射，即从输入向量到输出向量的映射，因此，神经网络就是一个复合函数。

神经网络借助激活函数引入非线性特性，并通过调整权重来构建多样的映射关系。在实际应用中，目标函数往往是非线性的，而线性函数的任意组合依然保持线性，因此，必须采用非线性激活函数来增强模型的表达能力。

还没有解决的一个核心问题是神经网络的结构（神经元层数、每层神经元数量）被确定之后，怎样得到权重矩阵和偏置项。这些参数是通过训练得到的，在 9.3 节中会详细介绍。

9.2.3 正向传播算法

正向传播算法，又称前向传播算法，它是由前往后进行的一个算法。假设神经网络的输入是 n 维向量 x，输出是 m 维向量 y，它实现了如下向量到向量的映射：

$$\mathbf{R}^n \rightarrow \mathbf{R}^m$$

把这个函数记为

$$y = h(x)$$

在分类问题中，通过比较输出向量中各个分量的大小，确定其最大值，该最大值所对应的分量下标即被判定为分类的结果。而在回归问题中，则直接将输出向量视作回归预测的值。

神经网络第 l 层的变换写成矩阵和向量形式为

$$u^{(l)} = w^{(l)}x^{(l-1)} + b^{(l)}$$
$$x^{(l)} = f(u^{(l)})$$

式中，$x^{(l-1)}$ 为前一层（第 $l-1$ 层）的输出向量，也是本层接收的输入向量；$w^{(l)}$ 为本层神经元和上一层神经元的连接权重矩阵，是一个 $sl \times sl^{(l-1)}$ 的矩阵，其中，sl 为本层神经元数量，$sl-1$ 为前一层神经元数量，$w^{(l)}$ 的每行为本层一个神经元与上一层所有神经元的权重向量；$b^{(l)}$ 为本层的偏置向量，是一个 sl 维的列向量。激活函数分别作用于输入向量的每个分量，产生一个输出向量。

在计算神经网络的输出值时，从输入层起始，逐层应用上述两个公式进行计算，直至最终获得网络的输出,这一过程称为正向传播。它用于神经网络的预测阶段,以及在训练过程中的正向计算阶段。

可以将前面例子中的 3 层神经网络实现的映射写成如下完整形式:

$$z = f(w^{(2)}f(w^{(1)}x+b^{(1)})+b^{(2)})$$

从上式可以看出,这个神经网络是一个 2 层复合函数。如果令

$$y = f(w^{(1)}x+b^{(1)})$$

则上式可以写成:

$$y = f(w^{(1)}x+b^{(1)})$$
$$z = f(w^{(2)}y+b^{(2)})$$

下面给出正向传播算法的流程。假设神经网络有 m 层,第一层为输入层,输入向量为 x,第 l 层的权重矩阵为 $w^{(l)}$,偏置向量为 $b^{(l)}$。正向传播算法的流程如下:

设置 $x^{(l)} = x$
循环 $l = 1,2,3,\cdots,m$
    对每一层计算 $u^{(l)} = w^{(l)}x^{(l-1)}+b^{(l)}$
    计算 $x^{(l)} = f(u^{(l)})$
结束循环
输出向量 $x^{(m)}$

9.3 反向传播算法

反向传播算法,通常简称为 BP 算法,是一种专为多层神经元网络设计的学习算法,其基础是梯度下降法。BP 神经网络的输入/输出关系实质上是一种映射关系:一个 n 输入、m 输出的 BP 神经网络所完成的功能是从 n 维欧氏空间向 m 维欧氏空间中某一有限域的连续映射,这一映射具有高度非线性。其强大的信息处理能力源自简单非线性函数的多次复合,这使它具备出色的函数逼近能力。这一特性为 BP 算法的应用奠定了坚实的基础。

9.3.1 算法简介

反向传播算法通过两个核心环节,即激活传播与权重更新进行反复迭代,直至网络的输出响应满足预设的目标范围。

BP 算法的学习流程包含正向传播与反向传播两个阶段。在正向传播阶段,输入信息经由输入层传递至隐含层,再逐层处理并最终传递至输出层。若输出层的输出结果未达到预期值,则计算输出值与期望值之间的误差平方和,以此作为目标函数。随后进入反向传播阶段,逐层计算目标函数对各神经元权重的偏导数,形成目标函数对权重向量的梯度,以此作为调整权重的依据。网络的学习过程在权重的不断修正中完成,直至误差达到期望值,此时网络学习宣告结束。

在激活传播环节中,每次迭代包含两个关键步骤:首先是前向传播阶段,此时将训练输入

送入神经网络,以获取相应的激活响应;然后是反向传播阶段,该阶段计算激活响应与训练输入所对应的目标输出之间的差值,从而确定隐含层和输出层的响应误差。

在权重更新环节中,针对每个突触上的权重,遵循以下步骤进行更新。

(1)将输入激活与响应误差进行相乘运算,以此计算出权重的梯度。这个梯度反映了权重对误差的影响程度。

(2)将这个梯度乘以一个特定的比例(该比例对训练过程的速度和效果具有显著影响,因此称为"学习率"),并取其相反数,然后将结果加到当前的权重上。由于梯度的方向指示了误差增大的方向,因此在更新权重时需要取其反方向,以确保权重调整能够减小误差。

BP算法的学习过程如下。

(1)准备一组训练样本,每个样本包含输入数据及对应的期望输出结果。

(2)从训练样本集中选取一个样本,将其输入信息输入网络中。

(3)计算网络中各层神经元处理后的输出值。

(4)衡量网络的实际输出与期望输出之间的误差大小。

(5)从输出层开始反向回溯至第一个隐藏层,根据某种原则调整网络中各神经元的连接权重,旨在减小误差。这一原则是BP算法的核心,它决定了如何有效地调整权重以优化网络性能。

(6)对训练样本集中的每个样本重复执行步骤(3)~(5),直至整个训练样本集的误差达到预设的满意水平。

在上述学习流程中,步骤(5)最为关键。它要求确定一种有效的权重调整策略,确保误差能够逐步减小,这是BP算法必须攻克的核心难题。

9.3.2 举例说明

首先以前面的3层神经网络为例,推导损失函数对神经网络所有参数梯度的计算方法。假设训练样本集中有m个样本(x_i, z_i)。现在要确定神经网络的映射函数:

$$z = h(x)$$

什么样的函数能很好地解释这批训练样本?答案是神经网络的预测输出要尽可能地接近样本的标签值,即在训练集上最小化预测误差。如果使用均方误差,则优化的目标为

$$L = \frac{1}{2m} \sum_{i=1}^{m} \|h(x_i) - z_i\|^2$$

式中,$h(x_i)$和z_i都是向量。上面的误差又称欧氏距离损失函数,除此之外还可以使用其他损失函数,如交叉熵、对比损失等。

优化目标函数的自变量是各层的权重矩阵$w^{(i)}$和梯度向量$b^{(i)}$,一般情况下无法保证目标函数是凸函数,因此,这是一个非凸优化问题,有陷入局部极小值的风险,这是神经网络之前一直被诟病的一个问题。可以使用梯度下降法进行求解,对于非凸优化问题梯度下降法只能保证收敛到局部最小值点。使用梯度下降法需要计算出损失函数对所有权重矩阵、偏置向量的梯度值,接下来的关键是对这些梯度值的计算。在这里先将问题简化,只考虑对单个样本的损失函数:

机器学习及其应用

$$L = \frac{1}{2}\|h(x) - z\|^2$$

后面如果不加说明,都可以使用这种单样本的损失函数。如果计算出了对单样本损失函数的梯度值,那么对这些梯度值计算均值就可以得到整个目标函数的梯度值。

由于 $w^{(1)}$ 和 $b^{(1)}$ 要被代入网络的下一层中,是复合函数的内层变量,先考虑外层的 $w^{(2)}$ 和 $b^{(2)}$。权重矩阵 $w^{(2)}$ 是一个 2×4 的矩阵,它的两行分别为 $w_1^{(2)}$ 和 $w_2^{(2)}$,$b^{(2)}$ 是一个二维的列向量,它的两个元素分别为 $b_1^{(2)}$ 和 $b_2^{(2)}$。网络的输入是向量 x,第一层映射之后的输出是向量 y。

首先计算损失函数对权重矩阵每个元素的偏导数,将欧氏距离损失函数展开,有

$$\frac{\partial L}{\partial w_{ij}^{(2)}} = \frac{\partial \frac{1}{2}\left((f(w_1^{(2)}y + b_1^{(2)}) - z_1)^2 + (f(w_2^{(2)}y + b_2^{(2)}) - z_2)^2\right)}{\partial w_{ij}^{(2)}}$$

如果 $i = 1$,即对权重矩阵第一行的元素求导,上式分子中的后半部分对 w_{ij} 来说是常数。根据链式法则有

$$\frac{\partial L}{\partial w_{ij}^{(2)}} = (f(w_1^{(2)}y + b_1^{(2)}) - z_1)f'(w_1^{(2)}y + b_1^{(2)})\frac{\partial(w_1^{(2)}y + b_1^{(2)})}{\partial w_{ij}^{(2)}}$$

$$= (f(w_1^{(2)}y + b_1^{(2)}) - z_1)f'(w_1^{(2)}y + b_1^{(2)})\frac{\partial \sum_{k=1}^{4} w_{1k}^{(2)} y_k + b_1^{(2)}}{\partial w_{ij}^{(2)}}$$

$$= (f(w_1^{(2)}y + b_1^{(2)}) - z_1)f'(w_1^{(2)}y + b_1^{(2)})y_j$$

如果 $i = 2$,即对权重矩阵第二行的元素求导,类似地有

$$\frac{\partial L}{\partial w_{ij}^{(2)}} = (f(w_2^{(2)}y + b_2^{(2)}) - z_2)f'(w_2^{(2)}y + b_2^{(2)})y_j$$

这可以统一写成:

$$\frac{\partial L}{\partial w_{ij}^{(2)}} = (f(w_i^{(2)}y + b_i^{(2)}) - z_i)f'(w_i^{(2)}y + b_i^{(2)})y_j$$

可以发现,第一个下标 i 决定了权重矩阵 w 的第 i 行和偏置向量的第 i 个分量,第二个下标 j 决定了向量 y 的第 j 个分量。这可以看成是一个列向量与一个行向量相乘的结果,写成矩阵形式为

$$\nabla_{w^{(2)}} L = \left(f(w^{(2)}y + b^{(2)}) - z\right) \odot f'(w^{(2)}y + b^{(2)})y^{\mathrm{T}}$$

上式中乘法为向量对应元素相乘,第二个乘法是矩阵乘法。$f(w^{(2)}y + b^{(2)}) - z$ 是一个二维列向量,$f'(w^{(2)}y + b^{(2)})$ 也是一个二维列向量,两个向量执行 $\odot$ 运算的结果还是一个二维列向量。y 是一个 4 元素的列向量,其转置为四维行向量,前面这个二维列向量与 y 的乘积为 2×4 的矩阵,这正好与矩阵 $w^{(2)}$ 的尺寸相等。在上面的公式中,权重的偏导数在求和项中由 3 部分组成,分别是神经网络输出值与真实标签值的误差 $f(w^{(2)}y + b^{(2)})$、激活函数的导数 $f'(w^{(2)}y + b^{(2)})$、本层的输入值 y。神经网络的输出值、激活函数的导数、本层的输入值都可以在正向传播时得到,因此可以高效地计算出来。对所有训练样本的偏导数计算均值,可以得到总的偏导数。

偏置项的偏导数为

$$\frac{\partial\left((f(w_1^{(2)}\boldsymbol{y}+b_1^{(2)})-z_1)^2+(f(w_2^{(2)}\boldsymbol{y}+b_2^{(2)})-z_2)^2\right)}{\partial b_i^{(2)}}$$

如果 $i=1$，上式分子中的后半部分对 $\boldsymbol{b}_1$ 来说是常数，则

$$\frac{\partial L}{\partial b_1^{(2)}}=(f(w_1^{(2)}\boldsymbol{y}+b_1^{(2)})-z_1)f'(w_1^{(2)}\boldsymbol{y}+b_1^{(2)})\frac{\partial(w_1^{(2)}\boldsymbol{y}+b_1^{(2)})}{\partial b_1^{(2)}}$$

$$=(f(w_1^{(2)}\boldsymbol{y}+b_1^{(2)})-z_1)f'(w_1^{(2)}\boldsymbol{y}+b_1^{(2)})$$

如果 $i=2$，则类似地有

$$\frac{\partial L}{\partial b_2^{(2)}}=(f(w_2^{(2)}\boldsymbol{y}+b_2^{(2)})-z_2)f'(w_2^{(2)}\boldsymbol{y}+b_2^{(2)})$$

这可以统一写成：

$$\frac{\partial L}{\partial b_i^{(2)}}=(f(w_i^{(2)}\boldsymbol{y}+b_i^{(2)})-z_i)f'(w_i^{(2)}\boldsymbol{y}+b_i^{(2)})$$

写成矩阵形式为

$$\nabla\boldsymbol{b}^{(2)}L=\left(f(\boldsymbol{w}^{(2)}\boldsymbol{y}+\boldsymbol{b}^{(2)})-\boldsymbol{z}\right)\odot f'(\boldsymbol{w}^{(2)}\boldsymbol{y}+\boldsymbol{b}^{(2)})$$

偏置项的导数由两部分组成，分别是神经网络预测值与真实值之间的误差、激活函数的导数值，与权重矩阵的偏导数相比唯一的区别是少了 $\boldsymbol{y}^{\mathrm{T}}$。

接下来，计算对 $\boldsymbol{w}^{(1)}$ 和 $\boldsymbol{b}^{(1)}$ 的偏导数，由于是复合函数的内层，情况更为复杂。$\boldsymbol{w}^{(1)}$ 是一个 4×3 的矩阵，它的 4 行分别为 $w_1^{(1)}$、$w_2^{(1)}$、$w_3^{(1)}$、$w_4^{(1)}$。$\boldsymbol{b}^{(1)}$ 是四维向量，它的 4 个分量分别为 $b_1^{(1)}$、$b_2^{(1)}$、$b_3^{(1)}$、$b_4^{(1)}$。其损失函数对 $\boldsymbol{w}^{(1)}$ 的元素的偏导数如下：

$$\frac{\partial L}{\partial w_{ij}^{(1)}}=\frac{\partial\frac{1}{2}\left((f(w_1^{(2)}\boldsymbol{y}+b_1^{(2)})-z_1)^2+(f(w_2^{(2)}\boldsymbol{y}+b_2^{(2)})-z_2)^2\right)}{\partial w_{ij}^{(1)}}$$

$$\boldsymbol{y}=f(\boldsymbol{w}^{(1)}\boldsymbol{x}+\boldsymbol{b}^{(1)})$$

上式分子中的两部分都有 $\boldsymbol{y}$，因此都与 $\boldsymbol{w}^{(1)}$ 有关。为了表述简洁，令

$$\boldsymbol{u}^{(2)}=\boldsymbol{w}^{(2)}\boldsymbol{y}+\boldsymbol{b}^{(2)}$$

根据链式法则有

$$\frac{\partial L}{\partial w_{ij}^{(1)}}=\left(f(u_1^{(2)})-z_1\right)f'(u_1^{(2)})\frac{\partial w_1^{(2)}\boldsymbol{y}}{\partial w_{ij}^{(1)}}+\left(f(u_2^{(2)})-z_2\right)f'(u_2^{(2)})\frac{\partial w_2^{(2)}\boldsymbol{y}}{\partial w_{ij}^{(1)}}$$

式中，$f(u_1^{(2)})-z_1$ 和 $f'(u_1^{(2)})$、$f(u_2^{(2)})-z_2$ 和 $f'(u_2^{(2)})$ 都是标量，$w_1^{(2)}\boldsymbol{y}$ 和 $w_2^{(2)}\boldsymbol{y}$ 都是两个向量的内积，$\boldsymbol{y}$ 的每个分量都是 $w_{ij}^{(1)}$ 的函数。接下来计算 $\dfrac{\partial w_1^{(2)}\boldsymbol{y}}{\partial w_{ij}^{(1)}}$：

$$\frac{\partial w_1^{(2)}\boldsymbol{y}}{\partial w_{ij}^{(1)}}=w_1^{(2)}\frac{\partial \boldsymbol{y}}{\partial w_{ij}^{(1)}}$$

这里 $\dfrac{\partial \boldsymbol{y}}{\partial w_{ij}^{(1)}}$ 是一个向量，表示 $\boldsymbol{y}$ 的每个分量分别对 $w_{ij}^{(1)}$ 求导，当 $i=1$ 时，有

$$\frac{\partial \boldsymbol{y}}{\partial w_{ij}^{(1)}} = \begin{bmatrix} \dfrac{\partial y_1}{\partial w_{ij}^{(1)}} \\ \dfrac{\partial y_2}{\partial w_{ij}^{(1)}} \\ \dfrac{\partial y_3}{\partial w_{ij}^{(1)}} \\ \dfrac{\partial y_4}{\partial w_{ij}^{(1)}} \end{bmatrix} = \begin{bmatrix} f'(w_1^{(1)}\boldsymbol{x}+b_1^{(1)})\boldsymbol{x}_j \\ 0 \\ 0 \\ 0 \end{bmatrix}$$

后面 3 个分量相对于求导变量 $w_{ij}^{(1)}$ 都是常数。类似地，当 $i = 2$ 时，有

$$\frac{\partial \boldsymbol{y}}{\partial w_{ij}^{(1)}} = \begin{bmatrix} \dfrac{\partial y_1}{\partial w_{ij}^{(1)}} \\ \dfrac{\partial y_2}{\partial w_{ij}^{(1)}} \\ \dfrac{\partial y_3}{\partial w_{ij}^{(1)}} \\ \dfrac{\partial y_4}{\partial w_{ij}^{(1)}} \end{bmatrix} = \begin{bmatrix} 0 \\ f'(w_2^{(1)}\boldsymbol{x}+b_2^{(1)})\boldsymbol{x}_j \\ 0 \\ 0 \end{bmatrix}$$

$i = 3$ 和 $i = 4$ 时的结果以此类推。综合起来有

$$\frac{\partial w_1^{(2)} \boldsymbol{y}}{\partial w_{ij}^{(1)}} = w_{1i}^{(2)} f'(w_i^{(1)}\boldsymbol{x}+b_i^{(1)})\boldsymbol{x}_j$$

同理有

$$\frac{\partial w_2^{(2)} \boldsymbol{y}}{\partial w_{ij}^{(1)}} = w_{2i}^{(2)} f'(w_i^{(1)}\boldsymbol{x}+b_i^{(1)})\boldsymbol{x}_j$$

如果令

$$\boldsymbol{u}^{(1)} = \boldsymbol{w}^{(1)}\boldsymbol{y} + \boldsymbol{b}^{(1)}$$

则合并后可得到

$$\frac{\partial L}{\partial w_{ij}^{(1)}} = \left(f(u_1^{(2)})-z_1\right)f'(u_1^{(2)})\frac{\partial w_1^{(2)}\boldsymbol{y}}{\partial w_{ij}^{(1)}} + \left(f(u_2^{(2)})-z_2\right)f'(u_2^{(2)})\frac{\partial w_2^{(2)}\boldsymbol{y}}{\partial w_{ij}^{(1)}}$$

$$= \left(f(u_1^{(2)})-z_1\right)f'(u_1^{(2)})w_{1i}^{(2)}f'(u_1^{(1)})x_j + \left(f(u_2^{(2)})-z_2\right)f'(u_2^{(2)})w_{2i}^{(2)}f'(u_2^{(1)})x_j$$

$$= \begin{bmatrix} w_{1i}^{(2)} & w_{2i}^{(2)} \end{bmatrix}(f(\boldsymbol{u}^{(2)})-\boldsymbol{z} \odot f'(\boldsymbol{u}^{(2)}) \odot f'(\boldsymbol{u}^{(1)}))x_j$$

写成矩阵形式为

$$\nabla_{\boldsymbol{w}^{(1)}}L = (\boldsymbol{w}^{(2)})^{\mathrm{T}}\left(\left(f(\boldsymbol{u}^{(2)})-\boldsymbol{z}\right) \odot f'(\boldsymbol{u}^{(2)}) \odot f'(\boldsymbol{u}^{(1)})\right)\boldsymbol{x}^{\mathrm{T}}$$

最后计算偏置项的偏导数：

$$\frac{\partial L}{\partial b_i^{(1)}} = \left(f(u_1^{(2)})-z_1\right)f'(u_1^{(2)})\frac{\partial w_1^{(2)}\boldsymbol{y}}{\partial b_i^{(1)}} + \left(f(u_2^{(2)})-z_2\right)f'(u_2^{(2)})\frac{\partial w_2^{(2)}\boldsymbol{y}}{\partial b_i^{(1)}}$$

类似地，可得到：

$$\frac{\partial w_1^{(2)}\boldsymbol{y}}{\partial b_i^{(1)}} = w_{1i}^{(2)}f'(w_i^{(1)}\boldsymbol{x} + b_i^{(1)})$$

合并后，可得到：

$$\frac{\partial L}{\partial b_i^{(1)}} = \left(f(u_1^{(2)}) - z_1\right)f'(u_1^{(2)})\frac{\partial w_1^{(2)}\boldsymbol{y}}{\partial b_i^{(1)}} + \left(f(u_2^{(2)}) - z_2\right)f'(u_2^{(2)})\frac{\partial w_2^{(2)}\boldsymbol{y}}{\partial b_i^{(1)}}$$

$$= \left(f(u_1^{(2)}) - z_1\right)f'(u_1^{(2)})w_{1i}^{(2)}f'(u_1^{(1)}) + \left(f(u_2^{(2)}) - z_2\right)f'(u_2^{(2)})w_{2i}^{(2)}f'(u_2^{(1)})$$

$$= \begin{bmatrix} w_{1i}^{(2)} & w_{2i}^{(2)} \end{bmatrix}\left(f(\boldsymbol{u}^{(2)}) - \boldsymbol{z} \odot f'(\boldsymbol{u}^{(2)}) \odot f'(\boldsymbol{u}^{(1)})\right)$$

写成矩阵形式为

$$\nabla_{\boldsymbol{b}^{(1)}} L = (\boldsymbol{w}^{(2)})^{\mathrm{T}}\left(\left(f(\boldsymbol{u}^{(2)}) - \boldsymbol{z}\right) \odot f'(\boldsymbol{u}^{(2)}) \odot f'(\boldsymbol{u}^{(1)})\right)$$

至此，得到了这个简单网络对所有参数的偏导数，接下来将这种做法推广到更一般的情况。从上面的结果中可以看出一个规律，输出层的权重矩阵的偏置向量梯度计算公式中共用了 $\left(f(\boldsymbol{u}^{(2)}) - \boldsymbol{z}\right) \odot f'(\boldsymbol{u}^{(2)})$。对于隐含层也有类似的结果。

9.4 人工神经网络案例

案例：基础人工神经网络搭建。

本案例将构造一个 2×2×2 的神经网络，输入为 2 位，输出为 2 位，中间层为 2 个神经元，即可通过训练获得相应的 and 函数。

```
# -*- coding:utf-8 -*-
import numpy
import random
class ANN:
# layers 为列表，其长度表示层数，包括输入层和输出层，每个元素给出每层神经元数量
# 例如，[3, 5, 2]代表输入参数为 3，中间隐藏层有 5 个神经元，输出 2 个结果的神经网络
    def __init__(self, layers):
        self.num_layers = len(layers)
        self.sizes = layers
        self._biases = [numpy.random.randn(y, 1) for y in layers[1:]]
        self._weights = [numpy.random.randn(y, x) for x, y in zip(layers[:-1], layers[1:])]
    # sigmoid 函数
    def _sigmoid(self, z):
        return 1.0/(1.0 + numpy.exp(-z))
    # sigmoid 函数的导数
    def _Dsigmoid(self, z):
        return self._sigmoid(z)*(1-self._sigmoid(z))
    # 计算输出向量
    def calc(self, input):
        for b, w in zip(self._biases, self._weights):
            input = self._sigmoid(numpy.dot(w, input) + b)
        return input
```

```python
# 训练神经网络
# trainData: 训练集
# epochs:    训练轮数，对 trainData 训练多少轮
# size:      训练子集的大小
# rate:      learning rate, 学习速率，步长
# testData:  测试集
    def train(self, trainData, epochs, size, rate, testData=None):
        if testData:
            n_test = len(testData)
        n = len(trainData)
        for j in range(epochs):
            random.shuffle(trainData)
            mini_batches = [trainData[k:k+size] for k in range(0, n, size)]
            for mini_bat in mini_batches:
                self._update(mini_bat, rate)
            if testData:
                error = self.test(testData)
                if (j % (epochs/10) == 0):
                    print("Epoch {0}: error = {1}".format(j, error))
            else:
                if (j % (epochs/10) == 0):
                    print("Epoch {0} complete.".format(j))

    def _update(self, mini_batch, rate):
        nabla_b = [numpy.zeros(b.shape) for b in self._biases]
        nabla_w = [numpy.zeros(w.shape) for w in self._weights]
        for x, y in mini_batch:
            delta_b, delta_w = self._backpropagation(x, y)
            nabla_b = [nb + db for nb, db in zip(nabla_b, delta_b)]
            nabla_w = [nw + dw for nw, dw in zip(nabla_w, delta_w)]
        self._weights = [w - (rate/len(mini_batch))*nw for w, nw in zip(self._weights, nabla_w)]
        self._biases = [b - (rate/len(mini_batch))*nb for b, nb in zip(self._biases, nabla_b)]
    # 反向传播算法
    def _backpropagation(self, x, y):
        nabla_b = [numpy.zeros(b.shape) for b in self._biases]
        nabla_w = [numpy.zeros(w.shape) for w in self._weights]
        # forward
        activation = x
        activations = [x]
        zs = []
        for b, w in zip(self._biases, self._weights):
            z = numpy.dot(w, activation) + b
            zs.append(z)
            activation = self._sigmoid(z)
```

```
            activations.append(activation)
        # backward
        delta = self._derivative(activations[-1], y) * self._Dsigmoid(zs[-1])
        nabla_b[-1] = delta
        nabla_w[-1] = numpy.dot(delta, activations[-2].transpose())
        for layer in range(2, self.num_layers):
            z = zs[-layer]
            sp = self._Dsigmoid(z)
            delta = numpy.dot(self._weights[-layer+1].transpose(), delta) * sp
            nabla_b[-layer] = delta
            nabla_w[-layer] = numpy.dot(delta, activations[-layer-1].transpose())
        return (nabla_b, nabla_w)
    # 计算测试集误差，注意此时输出一定为一维矢量
    def test(self, testData):
        test_results = [(self.calc(x), self._translate(y)) for (x, y) in testData]
        err = [output - result for (output, result) in test_results]
        return sum(numpy.dot(ei.transpose(), ei) for ei in err)
    # 如有必要，则将结果进行编码，便于与神经网络输出结果相比较
    def _translate(self, y):
        return y
    # 整个神经网络的导数
    def _derivative(self, output, y):
        return output - y
```

执行程序：
```
# -*- coding:utf-8 -*-
import numpy
import ann

layers = [2, 2, 2]
input = numpy.array([[0,0],[0,1],[1,0],[1,1]])
out = numpy.array([[1,0],[1,0],[1,0],[0,1]])
inputs = [numpy.reshape(i, (2,1)) for i in input]
outputs = [numpy.reshape(o, (2,1)) for o in out]

data = [(inputs[i], outputs[i]) for i in range(len(inputs))]
net = ann.ANN(layers)
net.train(data, 50000, len(inputs), 0.1, data)
for i in range(len(inputs)):
    print(inputs[i].T, ": ", net.calc(inputs[i]).T)
```

运行结果如图 9-4 所示。

```
Epoch 0: error = [[1.92688253]]
Epoch 5000: error = [[1.0009506]]
Epoch 10000: error = [[0.10393514]]
Epoch 15000: error = [[0.03827565]]
Epoch 20000: error = [[0.02232535]]
Epoch 25000: error = [[0.01551218]]
Epoch 30000: error = [[0.01179897]]
Epoch 35000: error = [[0.0094817]]
Epoch 40000: error = [[0.00790532]]
Epoch 45000: error = [[0.00676695]]
[[0 0]] : [[0.99207231 0.00869937]]
[[0 1]] : [[0.9769244  0.02449031]]
[[1 0]] : [[0.97670516 0.02440422]]
[[1 1]] : [[0.04068738 0.95706069]]

Process finished with exit code 0
```

图 9-4　运行结果

第 10 章　随机森林

随机森林是一种集成学习方法，其构建基础是多棵决策树。通过结合多棵决策树的预测结果，可以显著提升模型的预测准确性。这些决策树是通过在原始训练样本集上进行随机抽样所得的子样本集上进行训练得到的。由于采用了随机抽样的方式来构造训练样本集，因此该方法得名随机森林。值得注意的是，随机森林不仅在样本层面进行随机抽样，还在特征层面上进行随机选择。在训练每棵决策树时，每次寻找最佳分裂点仅使用部分随机选择的特征作为候选特征来进行分裂。

10.1　集成学习

在有监督的机器学习算法中，我们的追求是构建一个既稳定又全能的优质模型。然而，现实情况往往不尽如人意，很多时候只能获得多个具有特定偏好或优势的模型，这些模型在某些方面表现良好，但并非全面出色，通常称之为弱监督模型。为了弥补这一不足，集成学习（Ensemble Learning）策略应运而生，它旨在通过整合这些弱监督模型的优势，构建出一个更为强大且全面的强监督模型。

10.1.1　集成学习概念

集成学习是机器学习领域的一种核心理念，其精髓在于通过整合多个模型（弱学习器）来构建一个性能更为优越的模型。在预测阶段，这些弱学习器会协同工作，共同做出预测。而在训练阶段，则需要利用训练样本集逐一训练这些弱学习器。集成学习在分类和回归任务中均展现出广泛的应用价值，有时也被称为多分类器系统或基于委员会的学习。这一思想的起点颇为直观：通过采用不同的方法来调整原始训练样本的分布，从而生成多个差异化的分类器。随后，这些分类器会以线性组合的方式融合为一个更为强大的分类器，以做出最终决策。

集成学习的一般架构首先涉及生成一组"个体学习器"，随后采用特定的策略将这些学习器融合起来。若集成学习中仅包含同一类型的个体学习器，则称为"同质"集成，其中的个体学习器也被称为"基学习器"，而用于训练这些学习器的算法则称为"基学习算法"。相反，如果集成中包含了不同类型的个体学习器，这样的集成则被称为"异质"集成，其中的个体学习器则被称为"组件学习器"。

集成学习器的效能与个体学习器密切相关。个体学习器不仅需要具备一定的"准确性"，还要展现出"多样性"，即各学习器之间应存在差异。生成并融合"既准确又多样"的个体学习器，正是集成学习的精髓所在。因此，集成学习面临两大核心挑战：一是如何有效生成多个个体学习器；二是如何选择一种合适的结合策略，将这些个体学习器整合成一个强大的学习器。

获取学习器的方式主要有两种。第一种是选择同质的个体学习器，即所有学习器都属于同一类型,如全部采用决策树或全部采用神经网络;第二种是选择异质的个体学习器,即学习器的类型不完全相同,可以包含多种类型的学习器。例如,有一个分类问题,对训练集采用支持向量机个体学习器、逻辑回归个体学习器和朴素贝叶斯个体学习器来学习,再通过某种结合策略来确定最终的分类强学习器。

目前,同质个体学习器在集成学习中占据主导地位,通常所说的集成学习方法大多指的是这一类。其中,CART 决策树和神经网络都是最常用的同质个体学习器模型。根据个体学习器之间是否存在强烈的依赖关系,同质个体学习器可以进一步划分为以下两大类别。

(1)序列化方法,其特点是个体学习器之间存在紧密的依赖关系,必须依次生成。这类方法的典型代表是 Boosting 算法。

(2)并行化方法,其特点是个体学习器之间相互独立,可以同时生成。这类方法的典型代表包括 Bagging 算法和随机森林算法。

10.1.2 随机抽样

Bootstrap 抽样是一种特定的数据抽样技术。它涉及从一个原始样本数据集中随机选择样本以形成新的数据集。在这个过程中,存在两种基本的抽样方式:有放回抽样和无放回抽样。在有放回抽样中,一旦某个样本被选中,它就会被放回到原始数据集中,因此在后续的抽样过程中,这个样本有可能再次被选中。相比之下,在无放回抽样中,一旦某个样本被选中,它就会被从原始数据集中移除,因此在后续的抽样中,这个样本将不再有机会被选中,即每个样本最多只能被选中一次。值得注意的是,Bootstrap 抽样采用的是有放回抽样的方式。

这种抽样的做法是在 n 个样本的集合中有放回地抽取 n 个样本形成一个数据集。在这个新的数据集中原始样本集中的一个样本可能会出现多次,也可能不出现。假设样本集中有 n 个样本,每次抽中其中任何一个样本的概率都为 $\frac{1}{n}$,一个样本在每次抽样中没被抽中的概率为 $1-\frac{1}{n}$。由于是有放回抽样,每两次抽样之间是独立的,因此,对连续 n 次抽样,一个样本没被抽中的概率为

$$\left(1-\frac{1}{n}\right)^n$$

可以证明,当 n 趋向于无穷大时这个值的极限是 $\frac{1}{e}$,约等于 0.368,其中 e 是自然对数的底数,即如下结论成立:

$$\lim_{n\to+\infty}\left(1-\frac{1}{n}\right)^n=\frac{1}{e}$$

当样本量相当庞大时,进行 Bootstrap 抽样,每个样本在整个抽样流程中有约 0.368 的概率未被抽中。鉴于样本集中的各个样本是相互独立的,这意味着在整个抽样过程中,大约有 36.8% 的样本最终不会被抽中。这部分未被抽中的样本被称为包外(Out of Bag,OOB)数据。

10.1.3 Bagging 算法

在日常生活中人们会遇到这样的情况:对一个决策问题,如果一个人拿不定主意,则可以

组织多个人来集体决策。如果要判断一个病人是否患有某种疑难疾病，则可以组织一批医生来会诊。会诊的过程涉及每位医生独立做出诊断，随后汇总他们的诊断意见，并通过投票和协商的方式达成一致，最终以获得最多支持的诊断结果作为最终结论。这种集思广益、综合决策的思想，在机器学习领域中得到了应用，形成了集成学习算法。

在 Bootstrap 抽样的基础上可以构造出 Bagging（Bootstrap Aggregating）算法。Bagging 算法是一种并行式集成学习方法，其特点在于个体学习器之间不存在强烈的依赖关系，因此可以同时生成。该方法基于自助采样法（又称有放回重采样法）来构建多个训练样本集。具体而言，对于包含 N 个样本的原始数据集，Bagging 通过以下步骤生成采样集：随机从原始数据集中选取一个样本，将其加入采样集，并同时将这个样本放回原始数据集，使得它在后续的采样中仍有可能被选中。重复上述随机采样过程 m 次（m 通常等于原始数据集中的样本数 N），最终得到一个包含 m 个样本的采样集。由于是有放回采样，初始数据集中的某些样本可能会在采样集中多次出现，而另一些样本则可能一次也未出现。值得注意的是，根据概率计算，初始训练集中大约有 63.2% 的样本会出现在每个采样集中。

按照上述方式重复进行 T 次操作，可以得到 T 个含有 m 个样本的采样集。接着，基于每个采样集，都可以训练出一个基学习器。完成所有基学习器的训练后，可以将这些基学习器进行组合，从而构建出集成学习器。在进行预测时，Bagging 算法对于分类任务通常采用简单投票法来决定最终的类别，而对于回归任务，则使用简单平均法来计算预测值。如果在投票或平均过程中出现结果相同的情况，则可以随机选择其中一个作为最终结果。

这种方法对训练样本集进行多次 Bootstrap 抽样，用每次抽样形成的数据集训练一个弱学习器模型，得到多个独立的弱学习器，最后用它们的组合进行预测。训练算法流程如下。

循环，对 $i = 1, 2, \cdots, T$

　　对训练样本集进行 Bootstrap 抽样，得到抽样后的训练样本集用抽样得到的样本集训练一个模型 $h_i(\boldsymbol{x})$

结束循环

输出模型组合 $h_1(\boldsymbol{x}), \cdots, h_T(\boldsymbol{x})$

其中，T 为弱学习器的数量。上面的算法是一个抽象的框架，没有指明每个弱学习器模型的具体形式。如果弱学习器是决策树，那么这种方法就是随机森林。

10.2 随机森林原理和生成过程

随机森林是一个由决策树分类器集合 $\{h(x, \theta_k), k = 1, 2, \cdots\}$ 构成的组合分类器模型，其中参数集 $\{\theta_k\}$ 是独立同分布的随机向量，x 是输入向量。当给定一个输入向量时，每棵决策树都拥有投票权来选择它认为的最优分类结果。这些决策树是通过分类回归树（CART）算法构建的，且均为未经剪枝的。因此，与 CART 算法相对应，随机森林也分为随机分类森林和随机回归森林两种类型。目前，随机分类森林的应用更为广泛，其最终分类结果是基于所有决策树分类结果的简单多数投票得出的。而对于随机回归森林，其最终预测结果则是所有决策树输出结果的简单平均值。

随机森林（Random Forest，RF）是对 Bagging 方法的一种扩展。在构建基于决策树的 Bagging 集成的基础上，RF 在决策树的训练阶段额外加入了随机属性选择的步骤。具体而言，传统的决策树在决定划分属性时，会从当前节点的全部属性（假设共有 d 个属性）中挑选出一个最优属性。然而，在随机森林中，对于基决策树的每个节点，会先从其属性集合中随机抽取 k 个属性形成一个子集，然后从这个子集中选择出最优的划分属性。

随机森林采用自助法（Bootstrap）重复采样技术，从原始训练样本集 N 中有放回地随机抽取 k 个样本，以生成多个新的训练集样本集合。基于这些自助样本，随机森林构建出由 k 棵决策树组成的集合，这实际上是对决策树算法的一种改良。它将多个决策树合并为一个整体，其中每棵决策树的建立都是基于一个独立抽取的样本集。在随机森林中，所有的树都具有相同的分布，而整体的分类误差则主要取决于每棵决策树的分类效能及它们之间的相关性。

随机森林的生成主要包括以下三个步骤。

首先，通过 Bootstrap 算法在原始样本集 S 中抽取 k 个训练样本集，一般情况下每个训练集的样本容量与 S 一致。

其次，对 k 个训练集进行学习，以此生成 k 个决策树模型。在决策树生成过程中，假设共有 M 个输入变量，从 M 个变量中随机抽取 F 个变量，各个内部节点均是利用这 F 个变量上最优的分裂方式来分裂，且 F 值在随机森林模型的形成过程中为恒定常数。

最后，将 k 个决策树的结果进行组合，形成最终结果。针对分类问题，组合方法是简单多数投票法；针对回归问题，组合方法是简单平均法。

10.3 训练算法

随机森林在训练过程中，会逐一训练每棵决策树。对于每棵决策树的训练，其样本都是通过对原始训练集进行随机抽样获得的。更进一步地，在训练决策树的每个节点时，所使用的特征也是通过从特征向量中随机选择部分特征来确定的。因此，随机森林在训练时不仅对训练样本进行了随机采样，而且对特征向量的分量进行了随机选择。

样本的随机抽样可以用均匀分布的随机数构造，如果有 l 个训练样本，则只需要将随机数变换到区间 $[0,l-1]$ 即可。每次抽取样本时生成一个该区间内的随机数，然后选择编号为该随机数的样本。对特征分量的采样是无放回抽样，可以用随机洗牌算法实现。

在此，需要明确两个关键参数：一是决策树的数量；二是每次节点分裂时所选用的特征数量。第一个问题根据训练集的规模和问题的特点而定，后面在分析误差时会给出一种解决方案。第二个问题并没有一个精确的理论答案，可以通过实验确定。

正是这些随机性的引入，使得随机森林能够在一定程度上减轻过拟合的问题。对样本进行采样是构建随机森林的一个必要步骤，因为如果不对样本进行采样，而是每次都使用完整的训练样本集来训练决策树，那么最终得到的多棵决策树将会是完全相同的。在训练每棵决策树时，都会有一部分样本没有被选中参与训练，这些未参与训练的样本可以用于测试，通过统计它们的预测误差来评估模型的性能，这个误差被称为包外误差（Out of Bag Error）。这种做法与交叉验证有相似之处，两者都将样本集分割成多部分，轮流使用其中的一部分进行训练，而剩下的部分则用于测试。然而，它们之间也存在差异：交叉验证是将样本均匀地分割成几份，确保训练集中不会重复出现同一个样本；而在随机森林的 Bootstrap 抽样过程中，同一个样本有可能被多次选中参与训练。

由于利用包外样本作为测试集计算得到的包外误差，与通过交叉验证方法获得的误差结果相近，所以包外误差可以作为交叉验证的一种替代手段。这意味着，可以直接使用包外误差来估算模型的泛化误差。下面给出包外误差的计算方法。对于分类任务，包外误差是通过计算被错误分类的包外样本数量占总包外样本数量的比例来定义的。而对于回归任务，包外误差是通过将所有包外样本的回归误差求和，然后除以包外样本的总数来计算的。

实验结果证明，增加决策树的数量，包外误差与测试误差都会下降。这个结论为我们提供了确定决策树数量的一种思路，可以通过观察误差来决定何时终止训练，当训练误差稳定之后停止训练。

10.4 变量

随机森林在训练流程中具备评估变量重要性的能力，即能够揭示哪些特征对分类任务更具关键性。其中，置换法是一种常用的评估手段，这里重点介绍置换法的原理。该原理基于一个假设：若某个特征极为重要，那么对该特征的数值进行改动，很可能会导致样本的预测结果出现偏差。换句话说，这个特征对于分类结果具有较高的敏感性。相反，如果某个特征对分类任务的影响不大，那么对其数值进行随机调整，对最终的分类结果产生的影响也将微乎其微。在分类问题的背景下，当训练某棵决策树时，会从包外样本集中随机选取两个样本。为了评估某个特定变量的重要性，我们会进行特征值的置换操作，即交换这两个样本在该变量上的取值。假设置换前样本的预测值为 y^*，真实标签值为 y，置换之后的预测值为 y_π^*。变量重要性的计算公式为

$$v = \frac{n_{y=y^*} - n_{y=y_\pi^*}}{|\text{oob}|}$$

式中，$|\text{oob}|$ 为包外样本数；$n_{y=y^*}$ 为包外集合中在进行特征置换之前被正确分类的样本数，$n_{y=y_\pi^*}$ 为包外集合中特征置换之后被正确分类的样本数。二者的差反映的是置换前后的分类准确率变化值。

对于回归问题，变量重要性的计算公式为

$$v = \frac{\sum_{i \in \text{oob}} \exp\left(-(\frac{y_i - y_i^*}{m})^2\right) - \sum_{i \in \text{oob}} \exp\left(-(\frac{y_i - y_{i,\pi}^*}{m})^2\right)}{|\text{oob}|}$$

式中，m 为所有训练样本中标签值绝对值的最大值。这个定义和分类问题类似，都是衡量置换前和置换后的准确率的差值，除以这个最大值是为了数值计算的稳定。

上述内容描述的是如何评估单棵决策树中各个变量的重要性。在获得每棵决策树的变量重要性之后，我们通过对这些值求平均，可以得出随机森林整体的变量重要性。为了更直观地比较不同变量的重要性，通常会进一步对这些重要性进行归一化处理，从而得到最终的、标准化的变量重要性指标。

10.5 随机森林案例

案例：声呐信号分类的随机森林算法案例。

本案例将通过随机森林算法将声呐信号进行分类，下面提供完整的案例实现代码。

```python
#!/usr/bin/python
# coding:utf8
from __future__ import print_function
from random import seed, randrange, random
# 导入csv文件
def loadDataSet(filename):
    dataset = []
    with open(filename, 'r') as fr:
        for line in fr.readlines():
            if not line:
                continue
            lineArr = []
            for featrue in line.split(','):
                # strip()返回移除字符串头尾指定的字符生成的新字符串
                str_f = featrue.strip()
                # isdigit 如果是浮点型数值，就是 false，所以换成 isalpha() 函数
                if str_f.isdigit():     # 判断是否是数字
                if str_f.isalpha():     # 如果是字母，则说明是标签
                    # 添加分类标签
                    lineArr.append(str_f)
                else:
                    # 将数据集的第 column 列转换为 float 形式
                    lineArr.append(float(str_f))
            dataset.append(lineArr)
    return dataset

def cross_validation_split(dataset, n_folds):
    """cross_validation_split(将数据集进行可重复抽样n_folds份，数据可以重复抽取，每次list的元素是无重复的)
    Args:
        dataset     原始数据集
        n_folds     数据集dataset分成n_flods份
    Returns:
        dataset_split    list集合，存放的是将数据集进行抽重抽样 n_folds 份，数据可以重复抽取，每次list的元素是无重复的
    """
    dataset_split = list()
    dataset_copy = list(dataset)          # 复制一份dataset，防止dataset的内容被改变
    fold_size = len(dataset) / n_folds
    for i in range(n_folds):
```

```python
            fold = list()                        # 每次循环 fold 清零，防止重复导入 dataset_split
            while len(fold) < fold_size:    # 这里不能用 if, if 只是在第一次判断时起作用，while 执行循环，直到条件不成立
                # 有放回的随机采样，有一些样本被重复采样，从而在训练集中多次出现，有的则从未在训练集中出现，此则自助采样法。从而保证每棵决策树训练集的差异性
                index = randrange(len(dataset_copy))
                # 将对应索引 index 的内容从 dataset_copy 中导出，并将该内容从 dataset_copy 中删除
                # pop() 函数用于移除列表中的一个元素（默认最后一个元素），并且返回该元素的值
                # fold.append(dataset_copy.pop(index))     # 无放回的方式
                fold.append(dataset_copy[index])           # 有放回的方式
            dataset_split.append(fold)
        # 由 dataset 分割出的 n_folds 个数据构成的列表，为了用于交叉验证
        return dataset_split
    Split a dataset based on an attribute and an attribute value     # 根据特征和特征值分割数据集
    def test_split(index, value, dataset):
        left, right = list(), list()
        for row in dataset:
            if row[index] < value:
                left.append(row)
            else:
                right.append(row)
        return left, right
    '''
    Gini 指数的计算问题，假如将原始数据集 D 切割成两部分，分别为 D1 和 D2，则
    Gini(D|切割) = (|D1|/|D| ) * Gini(D1) + (|D2|/|D|) * Gini(D2)
    计算方式为
    Gini(D|切割) = Gini(D1) + Gini(D2)
    '''
    def gini_index(groups, class_values):       # 计算代价，分类越准确，则 gini 越小
        gini = 0.0
        D = len(groups[0]) + len(groups[1])
        for class_value in class_values:         # class_values = [0, 1]
            for group in groups:                  # groups = (left, right)
                size = len(group)
                if size == 0:
                    continue
                proportion = [row[-1] for row in group].count(class_value) / float(size)
                gini += float(size)/D * (proportion * (1.0 - proportion))      # 个人理解：计算代价，分类越准确，则 gini 越小
        return gini
    # 找出分割数据集的最优特征，得到最优特征 index，特征值 row[index]，以及分割完的数据 groups (left, right)
```

```
    def get_split(dataset, n_features):
        class_values = list(set(row[-1] for row in dataset))   # class_values =[0, 1]
        b_index, b_value, b_score, b_groups = 999, 999, 999, None
        features = list()
        while len(features) < n_features:
            index = randrange(len(dataset[0])-1)   # 往 features 添加 n_features 个
特征（ n_feature 等于特征数的根号），特征索引从 dataset 中随机取
            if index not in features:
                features.append(index)
        for index in features:                       # 在 n_features 个特征中选出最优的特
征索引，并没有遍历所有特征，从而保证了每棵决策树的差异性
            for row in dataset:
                groups = test_split(index, row[index], dataset)   # groups=(left,
right), row[index] 遍历每行 index 索引下的特征值作为分类值 value, 找出最优的分类特征和特
征值
                gini = gini_index(groups, class_values)
                # 左右两边的数量越一样，说明数据区分度不高，gini 系数越大
                if gini < b_score:
                    b_index, b_value, b_score, b_groups = index, row[index], gini,
groups   # 最后得到最优的分类特征 b_index, 分类特征值 b_value, 分类结果 b_groups。b_value
为分错的代价成本
        # print b_score
        return {'index': b_index, 'value': b_value, 'groups': b_groups}
    # Create a terminal node value   # 输出 group 中出现次数较多的标签
    def to_terminal(group):
        outcomes = [row[-1] for row in group]             # max()函数中，当 key 参数不
为空时，就以 key 的函数对象为判断的标准
        return max(set(outcomes), key=outcomes.count)   # 输出 group 中出现次数较多的
标签
    # Create child splits for a node or make terminal   # 创建子分割器，递归分类，直到
分类结束
    def split(node, max_depth, min_size, n_features, depth):  # max_depth = 10,
min_size = 1, n_features=int(sqrt((len(dataset[0])-1)
        left, right = node['groups']
        del(node['groups'])
    # check for a no split
        if not left or not right:
            node['left'] = node['right'] = to_terminal(left + right)
            return
    # check for max depth
        if depth >= max_depth:      # max_depth=10 表示递归 10 次，若分类还未结束，则选取数
据中分类标签较多的作为结果，使分类提前结束，防止过拟合
            node['left'], node['right'] = to_terminal(left), to_terminal(right)
            return
```

```python
    # process left child
        if len(left) <= min_size:
            node['left'] = to_terminal(left)
        else:
            node['left'] = get_split(left, n_features)  # node['left']是一个字典，
形式为{'index':b_index, 'value':b_value, 'groups':b_groups}，所以 node 是一个多层字典
            split(node['left'], max_depth, min_size, n_features, depth+1)  # 递归，
depth+1 计算递归层数
    # process right child
        if len(right) <= min_size:
            node['right'] = to_terminal(right)
        else:
            node['right'] = get_split(right, n_features)
            split(node['right'], max_depth, min_size, n_features, depth+1)
# Build a decision tree
def build_tree(train, max_depth, min_size, n_features):
    """build_tree(创建一棵决策树)

    Args:
        train              训练数据集
        max_depth          决策树深度不能太深，不然容易导致过拟合
        min_size           叶节点的大小
        n_features         选取的特征的个数
    Returns:
        root               返回决策树
    """
    # 返回最优列和相关的信息
    root = get_split(train, n_features)
    # 对左右两边的数据进行递归调用，由于最优特征使用过，所以在后面进行使用的时候，就没有意
义了
    # 例如:性别-男女，对男使用这一特征就没任何意义了
    split(root, max_depth, min_size, n_features, 1)
    return root
# Make a prediction with a decision tree
def predict(node, row):     # 预测模型分类结果
    if row[node['index']] < node['value']:
        if isinstance(node['left'], dict):          # isinstance 是 Python 中的一个
内建函数，是用来判断一个对象是否是一个已知的类型
            return predict(node['left'], row)
        else:
            return node['left']
    else:
        if isinstance(node['right'], dict):
            return predict(node['right'], row)
```

```python
        else:
            return node['right']
# Make a prediction with a list of bagged trees
def bagging_predict(trees, row):
    """bagging_predict(bagging 预测)
    Args:
        trees             决策树的集合
        row               测试数据集的每行数据
    Returns:
        返回随机森林中，决策树结果出现次数最大的
    """
    # 使用多棵决策树 trees 对测试集 test 的第 row 行进行预测，再使用简单投票法判断该行所属分类
    predictions = [predict(tree, row) for tree in trees]
    return max(set(predictions), key=predictions.count)
# Create a random subsample from the dataset with replacement
def subsample(dataset, ratio):      # 创建数据集的随机子样本
    """random_forest(评估算法性能，返回模型得分)
    Args:
        dataset           训练数据集
        ratio             训练数据集的样本比例
    Returns:
        sample            随机抽样的训练样本
    """
    sample = list()
    # 训练样本按比例抽样
    # round() 方法返回浮点数 x 的四舍五入值
    n_sample = round(len(dataset) * ratio)
    while len(sample) < n_sample:
        # 有放回的随机抽样，有一些样本被重复抽样，从而在训练集中多次出现，有的则从未在训练集中出现，此为自助抽样法。从而保证每棵决策树训练集的差异性
        index = randrange(len(dataset))
        sample.append(dataset[index])
    return sample


# Random Forest Algorithm
def random_forest(train, test, max_depth, min_size, sample_size, n_trees, n_features):
    """random_forest(评估算法性能，返回模型得分)
    Args:
        train             训练数据集
        test              测试数据集
        max_depth         决策树深度不能太深，不然容易导致过拟合
```

```
            min_size          叶节点的大小
            sample_size       训练数据集的样本比例
            n_trees           决策树的个数
            n_features        选取特征的个数
        Returns:
            predictions       每行的预测结果，bagging 预测最后的分类结果
        """
        trees = list()
        # n_trees 表示决策树的数量
        for i in range(n_trees):
            # 随机抽样的训练样本，随机抽样保证了每棵决策树训练集的差异性
            sample = subsample(train, sample_size)
            # 创建一棵决策树
            tree = build_tree(sample, max_depth, min_size, n_features)
            trees.append(tree)
        # 每行的预测结果，bagging 预测最后的分类结果
        predictions = [bagging_predict(trees, row) for row in test]
        return predictions
# Calculate accuracy percentage
def accuracy_metric(actual, predicted):    # 导入实际值和预测值，计算精确度
    correct = 0
    for i in range(len(actual)):
        if actual[i] == predicted[i]:
            correct += 1
    return correct / float(len(actual)) * 100.0
# 评估算法性能，返回模型得分
def evaluate_algorithm(dataset, algorithm, n_folds, *args):
    """evaluate_algorithm(评估算法性能，返回模型得分)

    Args:
        dataset      原始数据集
        algorithm    使用的算法
        n_folds      数据的份数
        *args        其他的参数
    Returns:
        scores       模型得分
    """
    # 将数据集进行抽重抽样 n_folds 份，数据可以重复抽取，每次 list 的元素是无重复的
    folds = cross_validation_split(dataset, n_folds)
    scores = list()
    # 每次循环从 folds 中取出一个 fold 作为测试集，其余作为训练集，遍历整个 folds，实现交叉验证
    for fold in folds:
        train_set = list(folds)
```

```python
            train_set.remove(fold)
            # 将多个 fold 列表组合成一个 train_set 列表，类似 union all
            """
            In [20]: l1=[[1, 2, 'a'], [11, 22, 'b']]
            In [21]: l2=[[3, 4, 'c'], [33, 44, 'd']]
            In [22]: l=[]
            In [23]: l.append(l1)
            In [24]: l.append(l2)
            In [25]: l
            Out[25]: [[[1, 2, 'a'], [11, 22, 'b']], [[3, 4, 'c'], [33, 44, 'd']]]
            In [26]: sum(l, [])
            Out[26]: [[1, 2, 'a'], [11, 22, 'b'], [3, 4, 'c'], [33, 44, 'd']]
            """
            train_set = sum(train_set, [])
            test_set = list()
            # fold 表示从原始数据集 dataset 中提取出来的测试集
            for row in fold:
                row_copy = list(row)
                row_copy[-1] = None
                test_set.append(row_copy)
            predicted = algorithm(train_set, test_set, *args)
            actual = [row[-1] for row in fold]
            # 计算随机森林的预测结果的正确率
            accuracy = accuracy_metric(actual, predicted)
            scores.append(accuracy)
        return scores
if __name__ == '__main__':
    # 加载数据
    dataset = loadDataSet('sonar-all-data.txt')
    # print dataset
    n_folds = 5              # 分成5份数据进行交叉验证
    max_depth = 20           # 调参（自己修改）。决策树深度不能太深，不然容易导致过拟合
    min_size = 1             # 决策树的叶节点最少的元素数量
    sample_size = 1.0        # 做决策树时候的样本的比例
    # n_features = int((len(dataset[0])-1))
    n_features = 15          # 调参。准确性与多样性之间的权衡
    for n_trees in [1, 10, 20, 30, 40, 50]:  # 理论上树是越多越好
        scores = evaluate_algorithm(dataset, random_forest, n_folds, max_depth, min_size, sample_size, n_trees, n_features)
        # 每次执行本文件时都能产生同一个随机数
        seed(1)
        print('random=', random())
        print('Trees: %d' % n_trees)
        print('Scores: %s' % scores)
        print('Mean Accuracy: %.3f%%' % (sum(scores)/float(len(scores))))
```

随机森林案例结果图如图 10-1 所示。

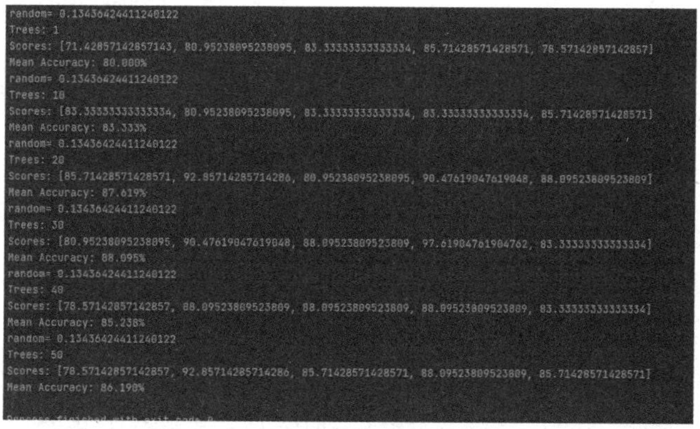

图 10-1 随机森林案例结果图

当森林数量从 0~30 时，随着数量的增加，数据的准确率升高。而超过 30 之后，出现过拟合，数据的准确率降低。

第 11 章　机器学习在生物信息中的应用

近年来，人工智能飞速发展，作为人工智能的核心，机器学习已得到广泛应用。例如，自然语言处理（NLP）、计算机视觉、医学诊断、生命科学、金融证券、推荐系统、自动驾驶、物联网、智慧农业和智慧城市等。以机器学习在蛋白质相互作用热点预测中的应用为例，详细介绍相关机器学习算法在生物信息中的应用。

首先阐述了蛋白质相互作用热点识别的定义，然后阐述了实验数据集，最后阐述了特征提取与机器学习建模。实验首先提取了基于序列、结构和能量的残基属性，提取了使用较为频繁、效果较好的 5 类特征，在三种机器学习方法的基础上进行效果预测。其中，数据集包括 34 个蛋白质、313 个界面残基的训练集和 18 个蛋白质、127 个界面残基的独立测试集。除此之外，还介绍了蛋白质相互作用热点预测实验中的特征处理和数据处理相关问题。

11.1　蛋白质相互作用热点识别

蛋白质相互作用在许多生理活动中起着至关重要的作用，如基因复制、转录、翻译和细胞周期调节、信号转导、免疫反应等。为了理解和利用这些相互作用位点，有必要在相互作用的界面处鉴定这些残基。研究表明，蛋白质相互作用的界面通常很大，典型的相互作用界面为 $1200 \sim 2000 \text{Å}^2$，但是大部分只有少于 5% 的残基贡献了其大部分的结合自由能，并在蛋白质结合的稳定性中起着重要作用，Clackson 和 Wells 把这部分作用位点定义为热点。通过后续研究发现，这种被称为热点的相互作用位点被更精准地定义为残基，并且若通过实验突变为丙氨酸后结合自由能变化（$\Delta\Delta G$）至少降低 2.0kcal/mol。

结合自由能变化（$\Delta\Delta G$）的定义为 $\Delta\Delta G = \Delta G\text{mut} - \Delta G\text{wt}$，其中 $\Delta G\text{wt}$ 和 $\Delta G\text{mut}$ 分别表示野生型复合物与丙氨酸突变体的结合自由能。计算结果表明，约 9.5% 的界面残基属于热点残基。丙氨酸扫描法作为实验鉴定热点残基的金标准，其原理基于丙氨酸的惰性甲基侧链不会引入额外的构象自由度。该方法通过比较结合状态与非结合状态下目标残基突变为丙氨酸后的结合自由能变化（$\Delta\Delta G$）来识别热点：当突变导致结合亲和力显著降低（通常≥10 倍）时，该残基即被判定为热点残基。具体的 $\Delta\Delta G$ 计算流程如图 11-1 所示。该技术因其可靠性在热点预测领域具有不可替代的地位。结构生物学研究表明，热点残基具有较高的进化保守性，其突变频率显著低于普通界面残基。深入解析热点残基的作用机制并建立精准的预测方法，将为攻克蛋白质相互作用研究这一科学高峰提供关键工具。

现有的蛋白质相互作用热点的预测方法大致可以分为三种类型：基于知识的方法、分子动力学模拟技术（Molecular Dynamics Simulations）和机器学习方法。本章主要介绍使用机器学习方法进行蛋白质热点预测。

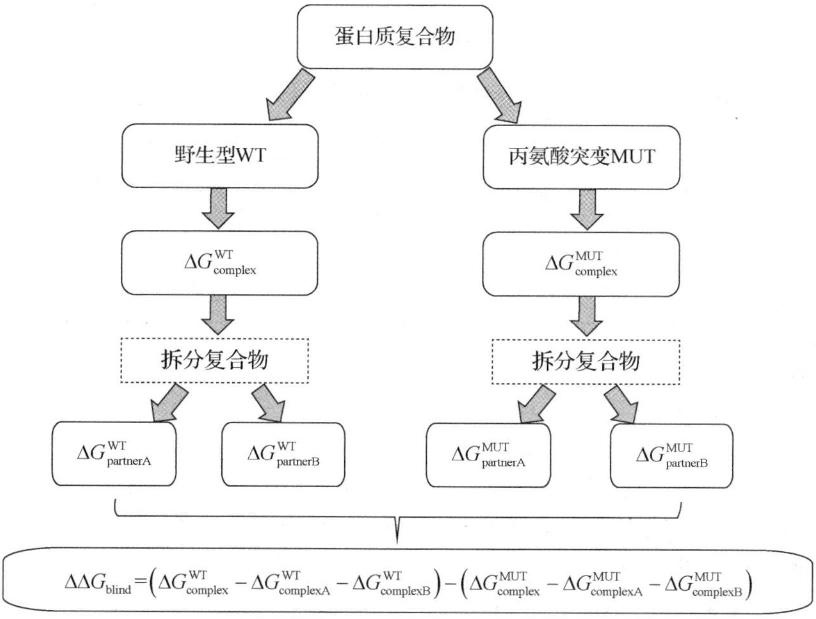

```
              蛋白质复合物
              /          \
         野生型WT      丙氨酸突变MUT
            ↓              ↓
        ΔG_complex^WT   ΔG_complex^MUT
            ↓              ↓
         拆分复合物       拆分复合物
         /     \         /      \
ΔG_partnerA^WT  ΔG_partnerB^WT  ΔG_partnerA^MUT  ΔG_partnerB^MUT
```

$$\Delta\Delta G_{\text{blind}} = \left(\Delta G_{\text{complex}}^{\text{WT}} - \Delta G_{\text{complexA}}^{\text{WT}} - \Delta G_{\text{complexB}}^{\text{WT}}\right) - \left(\Delta G_{\text{complex}}^{\text{MUT}} - \Delta G_{\text{complexA}}^{\text{MUT}} - \Delta G_{\text{complexB}}^{\text{MUT}}\right)$$

图 11-1 具体的 $\Delta\Delta G$ 计算流程

11.2 实验数据集

蛋白质相互作用热点预测其实是一个二分类选择模型，判定模型优劣的重要过程之一是模型参数的选择，优秀的参数可以非常精确地表现出因变量与自变量的关系变化过程，所以实验的训练及测试数据需要确定分类。以往的研究中使用较多的是丙氨酸扫描能量数据库（ASEdb）和 BID 数据库，前一个数据库拥有 17 个来自蛋白质复合物的 265 个经过丙氨酸实验验证的界面突变残基，后一个数据库包含 127 个界面突变残基，来自 18 个蛋白质复合物。

11.2.1 训练数据集

实验从 4 个数据库构建基准数据库，其中包括丙氨酸扫描能量数据库（ASEdb）、SKEMPI 数据库、Assi 等人创建的 Ab+数据库和 Petukh 等人创建的 Alexov_sDB 数据库。实验的训练数据集在合并原数据的基础上，结合来自 4 个数据库的丙氨酸突变数据，排除了 BID 数据库中存在的蛋白质。除此之外，实验还使用了 CD-HIT 去除相似度高于 40%的冗余蛋白质。经过去重的聚类，实验的训练数据集最终获得了 34 种蛋白质复合物的基准，一共 47 条蛋白质链，其中包含了 313 个突变的界面残基。实验将结合自由能变化 $\Delta\Delta G \geq 2.0\text{kcal/mol}$ 的界面残基定义为热点，其他的界面残基定义为非热点。最终去重后的基准数据库（HB34）包含了 133 个热点残基和 180 个非热点残基，并且正、反数据趋于平衡，数量大致均等，不会存在实验模型过拟合的情况。表 11-1 所示为实验训练数据集的蛋白质链列表。

表 11-1　实验训练数据集的蛋白质链列表

训练数据集 47 条蛋白质链列表								
1A22A	1A22B	1A4YB	1AK4C	1BXIA	1BRSA	1BRSD	1C08A	1C08B
1CBWD	1CHOI	1DANH	1DANL	1DANT	1DFJI	1DN2E	1DVFA	1DVFB
1DVFD	1EAWA	1EMVB	1F47A	1FC2C	1FCCC	1FFWB	1GC1C	1H9DB
1IARA	1IARB	1JCKA	1JCKB	1JRHH	1JRHI	1JRHL	1JTGA	1JTGB
1KTZA	1KTZB	1NMBH	1TM1I	1XD3B	2J0TD	2JELP	2O3BB	2PCCA
2WPTA	3HFMY							

11.2.2　独立测试集

实验还从 BID 数据库中生成了独立的测试数据集。其中，BID 数据库中的数据按照结合自由能变化的强弱进行分层，在"强""较强""弱""无"四个阶段中，只有"强"阶段的残基突变被定义为热点，其他突变则为非热点。为确保实验的准确性，减少实验的偶然性，该独立测试集中的蛋白质数据与上述训练数据集中的那些蛋白质数据是不同源的，所以数据间不会存在相似性。训练数据集（BID18）是包含 127 个丙氨酸突变残基的 18 种复合物的集合，其中 39 个界面残基是热点。表 11-2 所示为实验独立测试集的蛋白质链列表。

表 11-2　实验独立测试集的蛋白链列表

独立测试集 22 条蛋白质链列表								
1CDLA	1CDLE	1DVAH	1DVAX	1DX5N	1EBPA	1EBPC	1ES7A	1FAKT
1FE8A	1FOEB	1G31A	1GL4A	1IHBB	1JATA	1JATB	1JPPB	1MQ8B
1NFIF	1NUNA	1UB4C	2HHBB					

11.3　特征提取与机器学习建模

11.3.1　蛋白质特征

除了选择有效的特征或特征组合，选择使用适当的机器学习方法还在提高热点预测性能方面发挥着重要作用。最常见的机器学习算法，如 K 最近邻算法（Nearest Neighbor Algorithm，KNN）、支持向量机（Support Vector Machines，SVM）、决策树（Decision Tree）、贝叶斯网络（Bayesian Networks）、人工神经网络（Artificial Neural Networks，ANN）和集成学习方法（Ensemble Learning）等已经被广泛应用于近些年来的蛋白质—蛋白质相互作用热点的预测。

使用机器学习方法预测蛋白质相互作用热点的步骤通常包括数据准备、特征提取、选择机器学习模型、训练和测试预测模型，以及预测输出五个基本步骤。实验中蛋白质特征的选择和确定是开发有效热点预测方法的关键步骤，因为特征会对预测性能产生重大影响。通常，实验会从蛋白质序列数据、结构数据和能量数据中收集大量的特征或属性，降维方法则用来从巨大的特征矩阵中获取对后续分类预测实验最有效的蛋白质特征。

1. 基于序列特征

蛋白质的序列特征在以往的热点预测实验特征矩阵中，由于其容易获得、无须涉及蛋白质的结构计算、预测效果较好而占比较大。蛋白质的序列特征包括氨基酸的物理化学特征（Physicochemical）、进化保守性得分（Evolutionary Conservation Score，ECS）、特定位置评分矩阵（PSSM）的进化信息，以及其他序列描述符，这些已被广泛应用于生物信息学。

实验从 AAindex 数据库提取了 12 种物理化学特征用于预测热点。其中包括疏水性（Hydrophobicity）、亲水性（Hydrophilicity）、极性（Polarity）、极化率（Polarizability）、倾向性（Propensities）、原子数（Number of Atoms）、静电荷数（Number of Electrostatic Charge）、潜在氢键数（Number of Potential Hydrogen Bonds）、分子质量（Molecular Mass）和电子-离子相互作用赝势（Electron-Ion Interaction Pseudopotential，EIIP）。

特定位置评分矩阵是一种常见的序列特征，当使用基于特定位置评分矩阵的热点预测模型后，可以使其预测性能大大提高。特定位置评分矩阵可以使用参数 $j=3$ 和 $e=0.001$ 通过 PSI-BLAST 从 NCBI 非冗余数据库中获得，实验中将迭代的次数设置为 3，为每个蛋白质输出一个 20 维的特征矩阵。自特定位置评分矩阵被发现以来，已经有一些蛋白质相互作用热点的研究使用其进行了热点预测。

局部结构熵（Local Structural Entropy，LSE）可以直接从单个蛋白质的所选氨基酸序列中获取，主要描述的是蛋白质序列的一致性程度，它也被证明对蛋白质热点的预测性能有很大的提升。

使用多个序列比对（Multiple Sequence Alignments，MSA）和系统树来计算进化保守性得分。Higa 等人的实验就纳入了进化保守性得分和其他结构特征来预测结合热点残基。Shingate 等人开发出了一种名为 ECMIS 的预测方法，实验使用了序列守恒得分（Sequence Conservation）、质量指数得分（Mass Index Score）和能量评分（Energy Scoring Scheme）方案来识别蛋白质相互作用热点。

2. 基于结构特征

大多数基于序列的传统蛋白质特征，如特定位置评分矩阵、物理化学特征、溶剂可及表面积（Accessible Surface Area，ASA）等只能表面描述相关残基本身的性质，并不能从结构上反映蛋白质的特征，具有一定的局限性。蛋白质三级结构是指氨基酸在三个维度上的折叠排列，可以帮助在分子水平上理解蛋白质的功能。整合结构特征可以更好地将蛋白质的空间结构特征应用于热点预测，并且通常可以获得比基于序列特征更好的结果。

溶液可及表面积是指当溶剂分子在蛋白质核心区域表面进行滚动时所覆盖的面积，它用于量化蛋白质残基与溶剂分子之间的接触程度。溶剂可及表面积通过输入的 PDB 结构文件，通常经过 DSSP（蛋白质二级结构的定义）和 Naccess 进行计算。与 ASA 相关的功能已被广泛应用于蛋白质—蛋白质相互作用和热点预测。相对溶剂可及表面积变化（Relative Surface Area Burial）是基于溶剂可及表面积的结构特征。

生化接触包括原子接触、残基接触、氢键和盐桥，也是预测热点的重要结构特征。基于蛋白质的 Delaunay 三角剖分计算出四体统计假电位（FBS2P），并将其用于 PredHS。

3. 溶剂暴露特征

溶剂暴露（Solvent Exposure）特征是描述溶剂暴露特点的标准特征之一，也被称为半球暴露特征。其不仅可以在计算维持蛋白质的稳定性上保持高效，也可以在计算折叠同系物保守性上保持高效和高准确性。溶剂暴露特征被称为半球暴露特征是因为在计算溶剂暴露特征的时候，在原则上将一个残基的空间范围分为 HSE-up 和 HSE-down 两个对称部分。残基侧链的上球体方向对应的是 HSE-up 部分，也就是说残基 HSE-up 测量的 HSEAU 定义是上部球体中 C_α 原子的数量，它还包含了 $C_\alpha - C_\beta$。同样，残基侧链的下半球体方向对应的是 HSE-down 部分，残基 HSE-down 侧的 HEAD 定义的是下半球体中 C_α 原子的数量。

通过对过往蛋白质相互作用热点模型的实验验证，可以发现加入溶剂暴露特征训练后的热点预测器可以进一步提升蛋白质—蛋白质相互作用界面热点实验的预测效果和性能。实验使用计算溶剂暴露特征的是 Hamelryck 研发的 hsexpo，其中结果包括 HSEAU（上半球体中 C_α 原子的数量）、HEAD（下半球体中 C_α 原子的数量）、HSEBU（上半球体中 C_β 原子的数量）、HSEBD（下半球体中的 C_β 原子的数量）、CN（配位数）、RD（残基深度）和 RDa（C_α 原子深度）7 个特征。

11.3.2 特征选择

特征选择是在学习生成的数据时避免过拟合、提升预测性能的基础手段，这有助于对数据进行更深入的了解。典型的特征选择算法包括 F1 分数、随机森林、支持向量机–递归特征消除（SVM-RFE）、最大相关–最小冗余（minimum Redundancy Maximum Relevance，mRMR）和最大相关–最大距离（MRMD），这几种特征选择方法已被用于热点预测。APIS 预测模型使用 F1 分数相关功能，MINERVA 方法使用决策树来选择有用的特征。

由以上的介绍可知，蛋白质特征的选择对蛋白质相互作用热点预测的实验结果影响很大，所以蛋白质特征的选择显得尤为关键。综上所述，从以上的多类特征中进行特征选择的宗旨在于去除冗余特征，简化输入的特征矩阵，以达到降维并提高预测模型的效果。从以往的研究中可以知道，各种基于序列的特征、基于结构的特征和基于能量的特征已被用于热点预测。实验特征详情及计算工具、提取的数据库列表如表 11-3 所示。

表 11-3　实验特征详情及计算工具、提取的数据库列表

特　　征	特征个数和维度	使用工具或提取数据库
特定位置评分矩阵（PSSM）	20	PSI-BLAST，NCBI
溶剂可及表面积（ASA）	6	DSSP 和 Naccess
物理化学特征（Physicochemical）	12	AAindex
块替换矩阵（Blocks Substitution Matrix）	20	Blosum62
溶剂暴露特征（Solvent Exposure）	7	bsexpo

1. 基于随机森林的特征选择

基于随机森林的特征选择早在 2001 年由加州大学伯克利分校的 Leo Breiman 和 Adele Cutler 提出。由特征选择的名字可以得知，基于随机森林的特征选择是由多棵决策树随机建立而成的森林，定义为 $\{t(\boldsymbol{x},\boldsymbol{\beta}_k), k=1,2,\cdots\}$，其中 $t(\boldsymbol{x},\boldsymbol{\beta}_k)$ 表示的是使用 CART 算法构建的剪枝前的决策树（$\boldsymbol{x}$ 为输入向量；$\boldsymbol{\beta}_k$ 为独立同分布的随机向量，其决定决策树的生长过程）。

决策树由于其参数的数量较少，所以实验中花费在调参上的时间将大大减少，同时精确率也将有一定幅度的提高。并且由于其较好的泛化能力，使用范围也将被扩大。其中用于评估特征最基础的就是随机森林的平均递减基尼系数（Mean Decrease Gini Index，MDGI），当单位向量元素在识别界面残基能量热点的过程中越重要时，其 MDGI 也会越高。单位向量特征的得分计算公式如下：

$$\text{MDGI} - \text{Score}(k) = \frac{x_k - \bar{x}}{\sigma}$$

式中，x_k 表示第 k 个特征值；σ 表示所有特征的 MDGI 分数的标准差（Standard Deviation）。

2. 两步特征选择法

两步（Two-step）特征选择方法，包括 Peng 等人提出的最大相关-最小冗余和序列向前递增过程。

首先利用最大相关-最小冗余对这些蛋白质特征进行排序，找出含有 $m\{x_k\}$ 个特征的子集 S。最大相关的计算公式和最小冗余的计算公式分别如下

$$\max D(S,c) = \frac{1}{|S|}\sum_{x_k \in S} I(x_k;c)$$

$$\max R(S) = \frac{1}{|S|^2}\sum_{x_j, x_k \in S} I(x_j;x_k)$$

式中，x_k 表示第 k 个特征值，x_j 表示第 j 个特征值，c 表示类别变量，S 表示特征子集。最后用最大相关和最小冗余的计算公式进行加法或乘法的整合。使用的最大相关-最小冗余方法计算量相对较少、速度快，并且结果鲁棒性高，这使得使用的范围广泛、效果卓越。

在此之后再使用包装（Wrapper）方法，结合特征机器学习算法和十折交叉验证进行评估。包装方法的实质在于基于前面第一步选择少量特征，将特征矩阵按照目标函数进行包装，逐次增加或减少特征，以达到特征的最优子集。在这里进行判定的依据是排序指标（Ranking Criterion，RC），指标越大说明特征矩阵效果越好。排序指标的计算公式如下。

$$\text{RC} = \frac{\sum_{i=1}^{n}\{\text{ACC}(i) + \text{SEN}(i) + \text{SPE}(i) + \text{AUC}(i)\}}{n}$$

该公式实际是多次十折交叉验证评估每轮准确率（Accuracy）、敏感度（Sensitivity）、特异性（Specificity）和 AUC 分数总和的平均值，其中 n 表示十折交叉验证的重复数。

作为两步特征选择法的第二步，包装方法虽然计算量相对较大，实验过程较为复杂，但是得到的效果确是非常好的，它可以保证实验最后得到的输入矩阵是最优的子集，为后续提高蛋白质相互作用热点预测实验的准确率提供了很好的帮助。

11.3.3 特征提取

特征提取是机器学习应用程序中的另一种降维方法，主成分分析方法（PCA）和线性判别分析方法（LDA）是两种常用的特征提取技术。PCA 通过构建数据的正交变换，把一组可能存在相关性的变量转换成一组线性不相关的变量，这些转换后的变量称为主成分，从而实现特征的有效提取。

11.3.4 机器学习建模

针对每个特征特性及其组合特征，实验使用了三种经典的机器学习算法，包括支持向量机（SVM）、随机森林（RF）和梯度树提升（GTB）来构建分类器。为了更好地比较这些特征的性能，重复十折交叉验证过程 50 次，并计算平均性能。其中 SVM 是最广泛使用的机器学习方法之一，该方法在高维度特征空间中建立最优平面，通过保证最小结构风险来确保分类风险。随机森林是一种算法，它利用多棵决策树对样本集进行训练和预测。而梯度树提升（GTB）则是一种组合算法，其基础分类器为决策树，该算法既适用于回归任务，也适用于分类任务。

11.4 实验结果分析

实验结果分析是实验模型分析过程中必不可少的重要环节，通过对实验结果进行不同方向的统计和分析，能有效地发现实验各步骤可能存在的漏洞，检查实验模型的拟合性，并且通过具体的样本分析进行改进。

11.4.1 实验环境说明

实验平台主要是 Linux 集群环境，该集群采用主从架构模式，包含 1 个 Master 节点（Master-Slave）和 63 个 Slave 节点。实验整个过程的编程语言为 Python2.7，在实验处理方面还用了 Perl，使得数据处理更加整洁、方便和快捷。机器学习工具主要参考机器学习常用的第三方模块：Scikit-Learn 0.18，它对机器学习方法进行封装，使得整个过程的使用感非常好，并且由于其较大的兼容性，其使用范围非常广。

11.4.2 实验评估指标

为了量化蛋白质相互作用热点预测算法的准确性，实验对训练基准数据集进行 50 次十折交叉验证，并计算了常用的度量指标，其中包括特异性（Specificity，SPE）、精确率（Precision，PRE）、灵敏度（Sensitivity，SEN）、准确率（Accuracy，ACC）、F1 分数（F1）和 Matthews 相关系数（Matthews Correlation Coefficient，MCC）。具体的计算公式如下：

$$SPE = \frac{TN}{TN + FP}$$

$$PRE = \frac{TP}{Tp + FP}$$

$$SEN = \frac{TP}{TP + FN}$$

$$ACC = \frac{TP + TN}{TP + FP + TN + FN}$$

$$F1 = \frac{2 \times SEN \times PRE}{SEN + PRE}$$

$$MCC = \frac{TP \times TN - FP \times FN}{\sqrt{(TP+FP)(TP+FN)(TN+FP)(TN+FN)}}$$

式中，TP（True Positive）、TN（True Negative）、FP（False Positive）和FN（False Negative）分别代表混淆矩阵预测中的真阳性、真阴性、假阳性和假阴性样本数。混淆矩阵作为评估指标的基础，实际就是通过分类对正确及错误的结果进行数据统计。这是衡量预测实验中最基础，也是最直接的方法之一。

TP（真正例）：原样本标签为正例，预测正确的例子。
TN（真反例）：原样本标签为反例，预测正确的例子。
FP（假正例）：原样本标签为正例，预测错误的例子。
FN（假反例）：原样本标签为反例，预测错误的例子。

表 11-4 所示为混淆矩阵，由表格可以看出混淆矩阵不仅每个单元格为具体预测类型的样本统计，同时每一纵列为原样本正样本及负样本的数量统计，每一行为预测真与假的样本统计。混淆矩阵能很好地从各方面对预测样本做出统计。

表 11-4　混淆矩阵

真 实 值	预 测 值	
	正 样 本	负 样 本
真	TP	TN
假	FP	FN

实验还计算了接收器工作特性（Receiver Operating Characteristic，ROC）曲线下的面积，一般把它称为 Area Under Curve，简称 AUC，其也被经常应用于预测实验的结果评估，在蛋白质相互作用热点预测实验上也被广泛应用。ROC 曲线的横坐标是假正性率（FPR），其计算方法为 1-specificity；纵坐标是真正性率（TPR）。由计算公式可以看出，该曲线横坐标和纵坐标的取值范围为 0~1。所以 AUC 的取值范围也同样为 0~1。AUC 的值越接近 1，说明其预测的准确率越好，预测模型的效果越好，当 AUC 等于 1 时，说明预测结果全部正确，所以当进行模型评估时，应该要使 AUC 值越大越好；但当 AUC 值约等于 0.5 时，说明预测模型的准确率等同于随机猜测的概率意义；当 AUC 值等于 0 时，说明预测全部错误，准确率为 0。

11.4.3　训练集结果比较

如 11.3.2 节所述，基于序列的特征、基于结构的特征和基于能量的特征，暴露特征都已被广泛用于评估蛋白质相互作用热点预测实验的整体预测性能上。但不同的特征搭配不同的机器学习方法，在实验中的预测结果可能有很大的差异，并且不同的特征组合也可能对预测模型的性能有较高的提升，所以实验首先分析仅在训练集上，不同的机器学习搭配不同的蛋白质特征或蛋白质特征组的结果。

1. 不同机器学习下不同特征比较

不同的机器学习搭配不同的特征或特征组，可能在蛋白质相互作用热点预测上效果相差较大，所以本次实验分为单个特征或两两特征组进行相互比较。单个特征组的选择主要来自以往的蛋白质相互作用热点预测实验的论文，这些特征使用得较为频繁或对预测模型效果提升较大。

本次实验使用了三种经典机器学习方法，包括支持向量机（SVM）、随机森林（RF）和梯度树提升（GTB）来构建分类器。为了更公平地比较这些特征的性能，排除实验的训练模型非常匹配某组数据集或非常不匹配某组数据集，本次实验将十折交叉验证过程重复了50次，并计算了每个特征、每个机器学习方法的平均性能。

如表11-5所示，结构特征也就是溶剂可及表面积（ASA）和溶剂暴露的特征明显好于序列特征，实验的序列特征是物理化学特征、PSSM和块替换矩阵。对于SVM模型，序列特征的F1分数、MCC和AUC分别为0.51～0.52、0.17～0.20和0.56～0.63，而这些结构特征的量度分别为0.63、0.33～0.36和0.72～0.73。在随机森林和梯度树提升两个学习模型上与支持向量机方法上获得了相似的结果。在这三种机器学习方法上，与ASA相关的功能都比其他四类特征（物理化学功能、PSSM、块替换矩阵和溶剂暴露特征）表现更好。在三种机器学习算法（SVM、RF和GTB）中，GTB对于单个或组合功能具有最佳性能。

表11-5　不同特征在训练集上的性能表现

方法 (Method)	特征 (Feature)	特异性 (SPE)	灵敏度 (SEN)	精确率 (PRE)	准确率 (ACC)	F1分数	相关系数 (MCC)	AUC
SVM	Physicochemical	0.672	0.521	0.545	0.608	0.520	0.196	0.566
	PSSM	0.696	0.504	0.553	0.614	0.515	0.204	0.634
	Blocks Substitution Matrix	0.644	0.522	0.529	0.594	0.511	0.170	0.595
	ASA	0.677	0.688	0.612	0.660	0.638	0.362	0.737
	Solvent Exposure	0.609	0.726	0.580	0.658	0.635	0.339	0.724
	Combined	0.711	0.638	0.684	0.699	0.652	0.393	0.757
RF	Physicochemical	0.624	0.549	0.521	0.592	0.522	0.174	0.635
	PSSM	0.682	0.561	0.567	0.632	0.555	0.244	0.648
	Blocks Substitution Matrix	0.620	0.550	0.521	0.590	0.523	0.17	0.632
	ASA	0.722	0.587	0.614	0.664	0.589	0.312	0.696
	Solvent Exposure	0.682	0.552	0.565	0.626	0.549	0.236	0.669
	Combined	0.756	0.656	0.624	0.699	0.631	0.384	0.766
GTB	Physicochemical	0.587	0.586	0.514	0.586	0.535	0.173	0.635
	PSSM	0.612	0.641	0.550	0.624	0.584	0.251	0.669
	Blocks Substitution Matrix	0.591	0.588	0.517	0.591	0.540	0.179	0.635
	ASA	0.665	0.648	0.588	0.658	0.608	0.310	0.693
	Solvent Exposure	0.624	0.639	0.558	0.631	0.587	0.261	0.669
	Combined	0.717	0.656	0.727	0.719	0.681	0.439	0.787

2. 不同机器学习下特征组合比较

在以往的研究中，蛋白质的相互作用热点模型的特征一般不是选用单一特征进行模型的训练和预测，而是选用多维的特征组合。所以本次实验除了评估单个蛋白质特征的性能，还评估了特征组合的性能，结果如表11-6所示。

表 11-6　不同特征组使用梯度树提升方法在训练集上的性能比较

方法 (Method)	特征组合 (Feature)	特异性 (SPE)	灵敏度 (SEN)	精确率 (PRE)	准确率 (ACC)	F1 分数	相关系数 (MCC)	AUC
GTB	ASA + PSSM	0.708	0.705	0.642	0.707	0.663	0.410	0.761
	PSSM + SE	0.671	0.718	0.617	0.691	0.656	0.385	0.760
	Blosum62 + SE	0.664	0.699	0.606	0.679	0.640	0.359	0.734
	ASA + SE	0.674	0.695	0.612	0.683	0.642	0.366	0.728
	Phy+SE	0.664	0.696	0.605	0.677	0.639	0.357	0.728
	ASA + Blosum62	0.658	0.651	0.585	0.656	0.608	0.307	0.718
	ASA+Phy	0.669	0.644	0.590	0.658	0.607	0.311	0.717
	Phy + PSSM	0.629	0.650	0.566	0.638	0.597	0.277	0.683
	PSSM+ Blosum62	0.619	0.655	0.560	0.635	0.595	0.271	0.679
	Phy + Blosum62	0.593	0.590	0.520	0.592	0.541	0.183	0.639
	Combined	0.717	0.656	0.727	0.719	0.681	0.439	0.787

由于 5 类特征有自由组合成大量的配对组合的可能性，因此表 11-7 中仅列出了三种机器学习算法中的一种，即 GTB 分类器的预测性能评估结果。通常在蛋白质相互作用热点预测实验中，特征组合中两种类型的特征组比使用一种类型的特征要好。在这些两两的特征组合中，结合溶剂可及表面积 (ASA) 相关特征和特定位置评分矩阵 (PSSM)，即 ASA+PSSM 获得了特征组合中的最佳预测性能，AUC 和 F1 分数分别为 0.761 和 0.663。实验结果不出所料，当使用 GTB 作为建模算法时，所有 5 类特征中的组合表现出最佳的预测性能，精确率为 0.727，特异性为 0.717，F1 分数为 0.681，AUC 为 0.787，准确率为 0.719，但是灵敏度比溶剂可及表面积和特定位置评分矩阵的特征组合的 0.705 要低一些。结果表明序列特征和结构特征的组合可以提高预测性能。表 11-7 中 SE 为溶剂暴露特征。

11.4.4　独立测试集结果比较

仅仅进行了训练集的模型预测评估是远远不够的，因为对训练集数据进行十折交叉验证，虽然数据是随机选取的，不存在偏差，但其蛋白质数据的本质是同源的，这可能使预测结果存在较大的偶然性。所以为了进一步评估各种特征的预测性能，本次实验使用了 BID18 数据集作为独立测试集进行独立测试。训练集与独立测试集的关系如图 11-2 所示。

独立测试集的数据涵盖了 18 个不同蛋白质的 127 个界面残基，这些残基中 39 个为热点，其余 88 个为非热点。本次实验对这一系列的测试集在同样的环境下，进行了 5 类基于序列的特征、基于结构的特征、基于能量的特征及溶剂暴露特征的评估，同样为了结果的准确性，进行了 50 次十折交叉验证实验，并且结果取了这 50 次预测的平均值，这与训练集的预测评估方式相同。

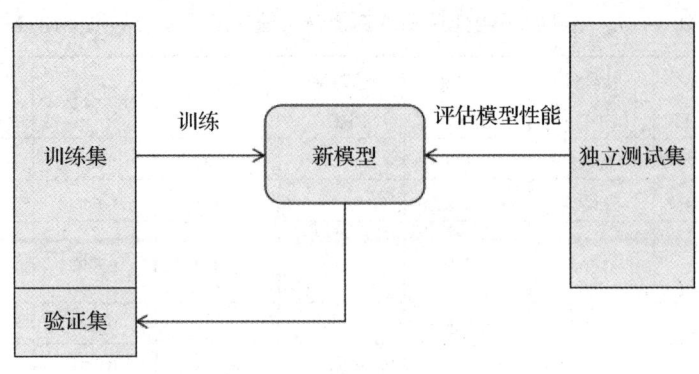

图 11-2 训练集与独立测试集的关系

1. 不同机器学习下不同特征比较

如表 11-7 所示,我们首先对各单一特征进行评估。综合表 11-5 和表 11-7 数据可见,独立测试集的整体性能较训练集的十折交叉验证结果有所降低。具体表现为 SVM、RF 和 GBT 三种机器学习方法在训练集中的最高 AUC 分别为 0.737、0.696 和 0.693,最低 AUC 分别为 0.566、0.632 和 0.635;而在独立测试集中,相应方法的最高 AUC 分别降至 0.693、0.679 和 0.679,整体降低约 0.02,最低 AUC 分别为 0.617、0.616 和 0.624,除 SVM 外其余两种方法降低约 0.2。

在独立测试集的 5 类特征中,ASA 相关特征展现出最佳的预测性能。其中,仅 SVM 方法的 AUC 就达到 0.693,与组合特征(Combined)的 0.732 仅差 0.03;其 F1 分数为 0.549,较排名第二的块替换矩阵特征(0.512)高出 0.04。

然而,综合三种方法对各特征进行比较发现:在热点预测中,溶剂暴露特征的表现与序列特征相当或略差。与训练集中溶剂暴露特征优于序列和结构特征的结果不同,这表明结构特征并非在所有情况下都优于序列特征,其预测能力可能因具体情况而异。与十折交叉验证结果一致,所有序列和结构特征的组合均显著优于单一特征。综合表 11-7 和表 11-5 可见,与训练集类似,选用更有效的特征组合可进一步提升热点预测模型的性能。

表 11-7 不同特征在独立测试集上的性能表现

方法 (Method)	特征 (Feature)	特异性 (SPE)	灵敏度 (SEN)	精确率 (PRE)	准确率 (ACC)	F1 分数	相关系数 (MCC)	AUC
SVM	Physicochemical	0.577	0.393	0.597	0.583	0.472	0.162	0.634
	PSSM	0.675	0.438	0.561	0.640	0.491	0.223	0.663
	Blocks Substitution Matrix	0.626	0.435	0.632	0.628	0.512	0.242	0.661
	ASA	0.597	0.446	0.716	0.634	0.549	0.290	0.693
	Solvent Exposure	0.642	0.403	0.532	0.608	0.456	0.167	0.617
	Combined	0.569	0.464	0.832	0.650	0.586	0.353	0.732

续表

方法 (Method)	特征 (Feature)	特异性 (SPE)	灵敏度 (SEN)	精确率 (PRE)	准确率 (ACC)	F1 分数	相关系数 (MCC)	AUC
RF	Physicochemical	0.632	0.414	0.576	0.614	0.479	0.196	0.624
	PSSM	0.703	0.417	0.474	0.632	0.443	0.171	0.616
	Blocks Substitution Matrix	0.62	0.408	0.575	0.607	0.474	0.185	0.627
	ASA	0.604	0.437	0.686	0.629	0.534	0.268	0.679
	Solvent Exposure	0.59	0.402	0.612	0.597	0.484	0.188	0.64
	Combined	0.612	0.466	0.753	0.656	0.575	0.338	0.758
GTB	Physicochemical	0.531	0.384	0.643	0.566	0.478	0.163	0.625
	PSSM	0.681	0.416	0.506	0.627	0.456	0.178	0.638
	Blocks Substitution Matrix	0.580	0.400	0.617	0.592	0.480	0.184	0.624
	ASA	0.585	0.437	0.718	0.626	0.543	0.280	0.679
	Solvent Exposure	0.592	0.389	0.579	0.588	0.465	0.159	0.646
	Combined	0.621	0.476	0.766	0.666	0.597	0.378	0.769

2. 不同机器学习下特征组合比较

在独立测试集上也分为单一特征评估和组合评估两部分。在本次实验中，只列出了 GTB 这一种机器学习方法的两两组合特征组的预测评估结果，如表 11-8 所示。

表 11-8　不同特征组使用梯度树提升方法在独立测试集上的性能比较

方法 (Method)	特征 (Feature)	特异性 (SPE)	灵敏度 (SEN)	精确率 (PRE)	准确率 (ACC)	F1 分数	相关系数 (MCC)	AUC
GTB	ASA+PSSM	0.674	0.689	0.616	0.686	0.636	0.382	0.738
	ASA+Phy	0.638	0.623	0.562	0.629	0.583	0.288	0.708
	ASA+Blosum62	0.623	0.621	0.560	0.627	0.584	0.298	0.706
	ASA+SE	0.672	0.668	0.592	0.658	0.620	0.341	0.704
	PSSM+Blosum62	0.636	0.669	0.572	0.645	0.609	0.284	0.695
	Blosum62+SE	0.623	0.655	0.560	0.624	0.605	0.286	0.689
	Phy+SE	0.615	0.637	0.545	0.618	0.563	0.268	0.670
	PSSM+Blosum62	0.587	0.641	0.537	0.626	0.557	0.254	0.664
	Phy+PSSM	0.596	0.621	0.532	0.608	0.566	0.243	0.659
	Phy+Blosum62	0.594	0.589	0.528	0.580	0.541	0.177	0.623
	Combined	0.712	0.476	0.766	0.666	0.597	0.378	0.769

整体对比训练集及独立测试集的特征组合表格（见表 11-6 及表 11-8），可以得知，如同独立的特征评估一样，在特征组的评估上，独立测试集的整体热点预测评估效果略差于测试集的预测评估效果。效果的差别为 0.1~0.3，说明这几个蛋白质相互作用热点预测模型更适合于训练集。

分析表 11-8 可以得出，其中表现最优秀的是 ASA+PSSM 的特征组合，这与训练集得出的结论一致。在独立测试集上，ASA+PSSM 的特征组合 AUC 得分为 0.738，相比起最低的 Phy+Blosum62 的特征组合 AUC 得分为 0.623，高出整整约 0.1 个点，这也是说明不同的特征组合对蛋白质相互作用特点预测实验的结果影响是非常大的。另外，F1 分数为 0.636，准确率（ACC）为 0.686，相关系数（MCC）为 0.382，虽然低于 5 类特征的总和组合效果，但是整体表现还是不错的。

对比表 11-7 及表 11-8 可以发现，组合特征相比起单一特征热点的预测效果会更好，可能因为特征之间可以做到互补，从而提高了模型的预测能力。所以特征组合的评估这一节是非常重要的，因为特征组合通常可以左右一个模型的预测能力。

11.4.5 独立测试集上具体蛋白质分析

在独立测试集上进行不同蛋白质及不同机器学习预测方法的性能评估，可以使用准确率及 AUC 等指标。但是，这并不能详细评估同一蛋白质在不同机器学习方法下的表现，也就是说哪种机器学习方法适合分析的蛋白质相互作用热点的特征并不能得到详细、清楚的分析。所以基于以上的观点，为了详细分析具体蛋白质的预测效果，本次实验选取了独立测试集中 50 次十折交叉验证的一次预测实验，并对预测实验进行了详细的分析。

图 11-3 统计了三种机器学习方法（SVM、RF 和 GTB）在独立测试集上使用组合特征时的正确预测残基数。结果显示三种方法均正确预测了 127 个残基中的 67 个（包含 26 个热点残基和 41 个非热点残基），表现出较高的一致性。值得注意的是，部分残基仅能被特定方法组合预测：有 7 个残基仅被 GTB 正确预测，6 个残基仅被 GTB 和 SVM 正确预测。这一结果与实验预期相符，因为所有方法都基于相同的蛋白质特征集进行训练。

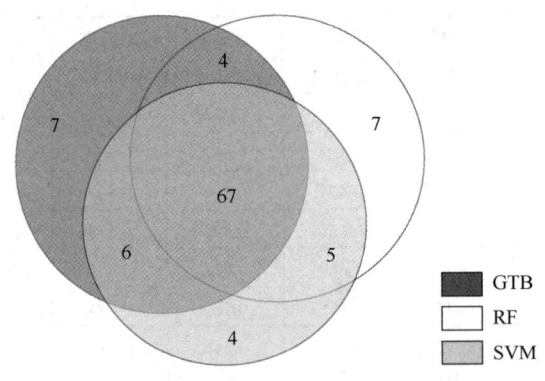

图 11-3　三种机器学习方法正确预测的残基数的维思图

表 11-9 展示了三种机器学习方法（SVM、RF 和 GTB）在热点预测中的真阳性（TP）、真阴性（TN）、假阳性（FP）和假阴性（FN）的统计结果。通过分析可以发现，部分蛋白质（如 1FAKT、1G3IA 和 1GL4A）的相互作用热点能被准确预测，而另一些蛋白质（如 1DVAH）的预测效果则相对较差。这一现象可能源于以下原因：在实验确定的热点数据中，那些与训练集蛋白质特征数据结构相似的数据较易判定；而特征数据结构与训练集差异较大的蛋白质样本则难以获得准确预测。这种差异反映了当前模型对特征数据结构的依赖性，以及其在处理结构异质性样本时的局限性。

表 11-9　在独立测试集（DIB18）上每种蛋白质的详细预测结果

PDB ID	GTB				RF				SVM			
	TP	FP	TN	FN	TP	FP	TN	FN	TP	FP	TN	FN
1CDLA	1	1	1	0	1	1	1	0	1	1	1	0
1CDLE	5	3	1	0	5	1	3	0	5	3	1	0
1DVAH	0	4	7	1	0	4	7	1	0	4	7	1
1DVAX	3	3	4	1	4	2	5	0	4	3	4	0
1DX5N	1	1	13	2	1	2	12	2	2	3	12	0
1EBPA	3	0	1	0	3	0	1	0	3	0	1	0
1EBPC	1	3	1	0	1	1	3	0	1	0	4	0
1ES7A	1	3	0	0	0	3	0	1	1	3	0	0
1FAKT	2	5	14	0	2	5	14	0	2	7	12	0
1FE8A	0	3	1	0	0	3	1	0	0	3	1	0
1FOEB	1	0	1	0	1	0	1	0	0	0	1	1
1G3IA	6	0	0	0	5	0	0	1	6	0	0	0
1GL4A	4	1	1	1	3	2	0	2	3	1	1	2
1IHBB	0	2	2	0	0	2	2	0	0	2	2	0
1JATA	1	0	0	0	0	0	0	1	0	0	0	1
1JATB	1	0	0	0	1	0	0	0	1	0	0	0
1JPPB	0	2	3	2	1	3	2	1	2	5	0	0
1MQ8B	0	0	0	1	0	0	0	1	0	0	0	1
1NFIF	1	0	1	0	1	1	0	0	1	1	0	0
1NUNA	0	2	1	0	0	2	1	0	0	2	1	0
1UB4C	0	1	0	0	0	1	0	0	0	1	0	0
2HHBB	0	0	1	0	0	0	1	0	0	0	1	0